远古有座动物园

远古有座动物园
海洋霸主
Abby Howard
OCEAN RENEGADES
[美] 艾比·霍华德 著绘
夏高娃 译
邢立达 审定
北京联合出版公司
Beijing United Publishing Co.,Ltd.

拜拜啦，爸爸妈妈！
祝你们出差顺利！

好啦，我们俩愉快的一周这就开始喽。
你想先干点儿什么呢，罗妮？
啊，你知道的……

我们去参观一些很酷的东西怎么样？

尤其是很酷的远古生物！

那我刚好知道看什么！

我们可以去世界上我最最喜欢的地方……

城市水族馆
城市水族馆
水族馆！
哦……
行吧。

你知道吗，我听说
公园里装了几架新
秋千……

我们还不如去
公园看看呢。

好啦，我们已经把所有鱼都看完了。现在可以走了吗？

我们还是可以去看看新装的秋千。

看什么都比一直看水母强。

你居然一点儿都不觉得惊奇吗？

难道这些生物不能让你为世界之美折服吗？

呃……狮子鱼是挺漂亮的。

远在哺乳动物出现之前，许多这样的动物就已经在海中漫游了。
那时候恐龙还没有统治世界。
那时候甚至还没有生物踏足陆地呢。

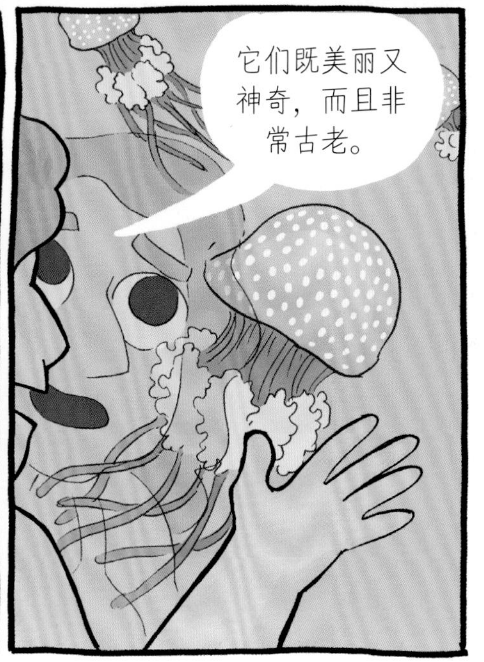
它们既美丽又神奇，而且非常古老。

它们是真正的生存专家，经历过无数次大灭绝，在不断的演化中适应着变化莫测的环境。

我们这些不起眼的哺乳动物应该对它们表示敬意。

可是它们好没意思呀。
不过，没准儿有个能让我学会欣赏这些鱼虾的办法……

来点儿可以接触的学习体验怎么样？

“接触”是吧？

这家水族馆里有个触摸池，我们可以去那里摸摸鲎！
不要。

我想的是去看看它们那些早就灭绝了的祖先，它们可能很神奇呢。

水族馆里会放映关于鱼类演化的纪录片。
十分钟后就有一场！

不是这个！
我是想说，我们应该再次穿越时空，去看看很酷的远古生物！

啊，真是个不错的提议！

嗯……

垃圾回收
垃圾桶

来吧，罗妮！

我们要回到所有动物起源的时刻。

我们要去看的可是……
垃圾桶

恐龙出现之前的世界！
垃圾桶

我为了看远古生物都做了什么事啊！

我们上次穿越时空的时候，最早回到了2.05亿年前的三叠纪晚期。

而生命在地球上出现……
是在那之前很久很久很久的事了。
哗啦 哗啦 哗啦
地球大约形成于45亿年前，地球上的生命在不久后出现了，大概是38亿年前。
为了让这个时间概念更好理解，如果我们把人类的出现（20万年前）比喻成一天中的一个小时的话……
那么地球就等于是在946天前形成的。
2年
这可是两年半的时间哟！
1年
所以一开始什么都没有，然后就有了水母？
单细胞生物
38亿年前
啊，当然不是，水母要很久很久以后才会出现。最早的生命体是单细胞生物，也就是说，这些动物体内只有一个细胞。
34亿年前
“2年”
对比来看的话，正常人类体内平均有37.2万亿个细胞。
多细胞生命
32.5亿年前
一万亿就是一百万个一百万，那可是很多的。
哇哦！
过了大概0.5亿年以后，最初的拥有多个细胞的生物才出现。
像水母一样的生物吗？
也不是。它们更像是由细胞组成的绳子或小球，远远没有水母那么复杂。

第一批真正的动物是在大约6.4亿年前出现的，如果放在我们的日历上，那就是四个半月前。
最初的动物
6.4亿年前
也就是说，在生命的黎明之后，最初的动物花了我们的日历上超过两年的时间才出现！
人类存在的时间段
17亿年
“1年”

生命形式变得更加复杂需要更多时间。
这就是我们现在要回到5.08亿年前的**寒武纪**中期的原因。
去哪里??
元古代
寒武纪
奥陶纪
志留纪
志留纪
泥盆纪
石炭纪
二叠纪
古生代
寒武纪是**古生代**的第一个地质时期，古生代的意思是“远古生物的时代”。
中生代
新生代
这段时间真的好长呀……我完全不知道，恐龙出现之前还有整整一个时代，更不知道它居然这么长！
是的，虽然古生代是**中生代**的1.5倍长，但人们经常忽视古生代的存在。
元古代
寒武纪
奥陶纪
志留纪
泥盆纪
石炭纪
二叠纪
中生代
不过这次不会！我们会去古生代的每一个地质时期参观，去看看那些在恐龙时代以前存在过的奇妙的生物。

学习中心
不过，首先我们得复习一下演化的知识。

这次换你给我讲讲如何呀？

呃……

好吧，开始啦！

演化就是一种动物随着时间的推移而发生变化，变得……

更好……

怎么啦，薛西小姐？

在哪方面更好呢？

突变就是动物的DNA发生的改变。有时，发生过突变的动物能比同类生存更长时间，并且生下更多宝宝。

如此一来，基因的这种突变就会传递给这些动物的宝宝，宝宝再传递给下一代，就这样一代一代地传下去……

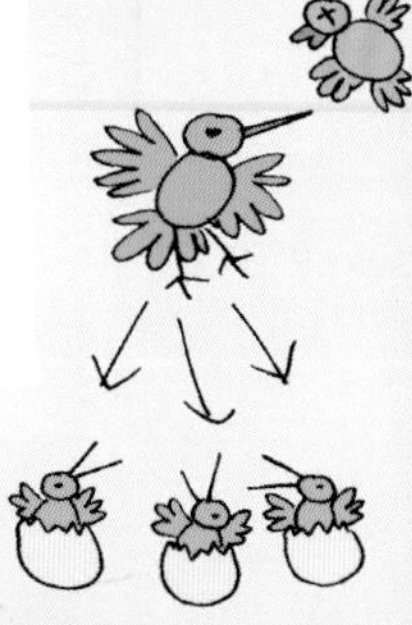

到最后就变成一个全新的物种啦！

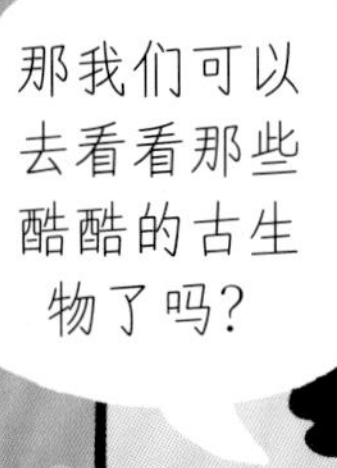

我们要去的第一站是5.08亿年前的——
寒武纪 中期
去亲眼见证寒武纪大爆发。
寒武纪大爆发？什么东西爆发了？
生命！

欢迎来到寒武纪的海床，这里挤满了所有现代动物那些不太起眼的祖先。
好吧……

你说的这些东西都在哪儿？
啊，对，这个应该能派上用场。

快看，这就是寒武纪的生物。虽然它们很小，但一样很神奇！
它们好奇怪呀，有好多我甚至看不出哪边是脑袋，哪边是尾巴。
加拿大蠕虫
海百合
土卓虫
瓦普塔虾
马尔三叶形虫
波特尔虫
皮盾虫
多须虫
威瓦亚虫
约霍伊虫

但是，所有现代动物都是这些古怪的小家伙的后代。
这怎么可能呢？这里看起来就像外星一样！
说出来你可能不信，我们和我们的动物同类跟这些小怪物是有很多共同点的。
来吧，我们好好讲讲这些在寒武纪漫游的祖先的事。
头盔虫
奥戴雷虫
西德尼虫
等刺虫
内克虾
爬胃虫
黎镰虫

你在学校里学过动物的门类吗？
当然喽，我可清楚了。
有鸟类、哺乳类、爬行类、两栖类，以及……
鱼类？
我想只有这些啦。
脊索动物门
两栖类
爬行类
鸟类
哺乳类
鱼类
你说的这些是动物的纲，它们属于动物界同一个主要的门，那就是**脊索动物门**。
脊索动物门的动物都拥有一条**脊索**，它是由软骨组成的，沿着动物的脊背生长，用于支撑那里的神经索。
皮卡虫
鲨鱼
脊椎动物属于脊索动物门，不过脊椎动物演化出了围绕着脊索保护它的骨骼结构，那就是**脊骨**！
人类
鱼
脊索
脊椎
由脊骨共同组成的椎骨叫作**脊椎**，脊椎动物这个名字就是这么来的。

有些脊索动物就像这条皮卡虫一样，只有脊索，没有脊椎。
你的意思是，这个长得像小虫子一样的家伙是我们的祖先？
我就是这个意思！
没错，它只是一段扭来扭去的小管子而已。不过，难道我们本质上不都是扭来扭去的小管子吗？
我……我猜是吧。
但皮卡虫并不是这一带扭得最好的小管子哦！

这项殊荣属于环节动物，也就是我们俗称的蠕虫！
现代环节动物
多毛纲
蚯蚓
水蛭
管虫
哇，它全身上下都长着刺，这和我认识的肉虫子真是不一样。
这些刺的学名叫作刚毛，它们可以帮助蠕虫移动。
我猜它们也能帮蠕虫抵挡掠食者，对吧？
没错！这个你已经很清楚啦！
伯吉斯蠕虫
加拿大蠕虫

现代的许多蠕虫依然长着又长又密的刚毛，它们既可以用来自卫，游泳的时候也能派上用场。
而另一些蠕虫——比如蚯蚓——身上的刚毛很小很小，更适合在泥土中穿行。
这些寒武纪蠕虫看起来好像蜈蚣呀，它们之间有亲缘关系吗？
没有。不过，环节动物和蜈蚣所属的门类的确有一个共同点：它们的身体都是分段的。
蜈蚣
换句话说，它们的身体分成许多不同的段。
蠕虫
对于环节动物来说，除了头部，它们身体的每一段基本上都是上一段的一个副本……
嘿！
每一段都长着同样数目的刚毛和同样的内脏器官！
蜈蚣所属门类的成员身体分段的方式和环节动物很相似，不过相似性止步于此。
针长毛虫

蜈蚣属于节肢动物，这个门类中包括蜘蛛、螃蟹、昆虫以及其他许多奇妙的动物。
蛛形纲
蜈蚣
昆虫
甲壳纲
三叶虫
哦，虫子啊！这个我知道，虫子都有六条腿，它们的骨骼是长在身体外面的。
所有节肢动物都有外骨骼（长在身体外面的一层硬壳，用于支撑它们的身体结构并提供保护），这一点没错……
但是只有一种节肢动物拥有六条腿，那就是昆虫。
苍蝇
螃蟹
蜘蛛
头盔虫
约霍伊虫
瓦普塔虾
每一种节肢动物的腿的数量都不同！蜘蛛有八条腿，螃蟹有十条腿……
三叶虫则有，呃，许多许多腿。不同品种的三叶虫腿的数量不一样。
等刺虫
西德尼虫
加拿大虫

三叶虫？我从来没听说过。
那是因为它们在古生代结束以前就灭绝了。最早的一批恐龙从蛋里孵出来的时候，三叶虫早已消失了。
但它们在古生代的分布特别广泛！有点儿像是海里的蟑螂。
和环节动物一样，节肢动物的身体也是分段的。但和它们的蠕虫表亲不一样的是，节肢动物长着可以用来爬来爬去的腿。
嘿哈
多须虫
马尔三叶形虫
节肢动物这个名字的由来：它们的腿是分成很多节的！
节肢动物是所有动物中最成功的，即便在我们的时代也是这样。它们的种类非常多，而且征服了你能想到的几乎每个领域。
天空
深海
大海
陆地
等一下，这个家伙可没有分节的腿……它连腿都没有。
看起来有点儿像蜗牛。
很接近啦！其实这个小家伙不是蜗牛，不过它和未来的蜗牛属于同一个门类……

那就是
软体动物！
鼻涕虫和
蜗牛
章鱼和鱿鱼
双壳纲
现代软体动物
软体动物通常是软乎乎、黏糊糊的，不过它们身上至少会有一个坚硬的部分，一般来说是甲壳，也可能是硬质的喙。
几乎所有软体动物都有一根长着尖刺的“舌头”，名叫“齿舌”，它们会用齿舌把食物送进嘴里。
蜗牛嘴！
在我们的时代，节肢动物的分布最为广泛，但海洋是软体动物的王国。
现代海洋中接近四分之一的动物属于软体动物家族，它们每一种都是那么美丽、那么特别！
我能明白你的意思，虽然它们很小，但它们的壳看起来非常奇妙。
这些小家伙并不是这一带唯一的软体动物。

这里有一些双壳贝，未来的蛤蜊和扇贝都是这个软体动物家族的成员。

等等……蛤蜊是动物?

是呀！就像它们生活在寒武纪的亲戚一样，它们软软黏黏的身体藏在两片起保护作用的硬壳之间，如同三明治。
寒武纪双壳贝
现代双壳贝

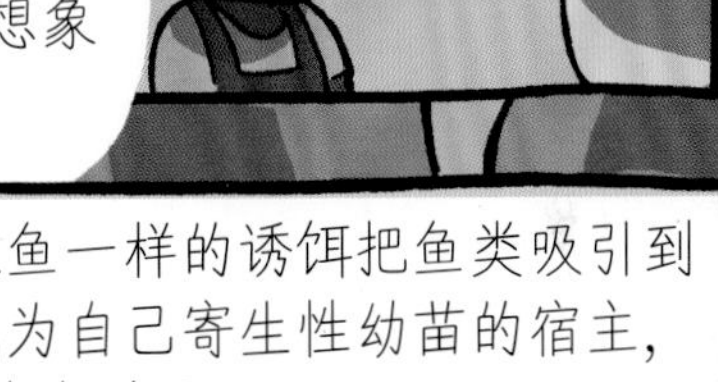
和很多动物一样，双壳贝的生活方式非常有趣。不过，因为你总是看到它们一动不动地待在石头堆里，所以你可能想象不到这一点。

在我们的时代，有些双壳贝是身上长了许多眼睛的游泳健将，比如扇贝。
眼睛！

有些双壳贝会用长得像鱼一样的诱饵把鱼类吸引到自己身边，好让它们成为自己寄生性幼苗的宿主，比如淡水贻贝。
秘密武器
假鱼！
??
幼苗组成
的云雾

这说明了你永远不可能根据外表判断出某样东西到底多恐怖。

有时候可以，比如，我觉得这株植物一定像它看上去的样子一样可怕！

你是说这些藻类吗？它们哪里可怕了？

不是！我说的是这株长着吓人触手的植物。

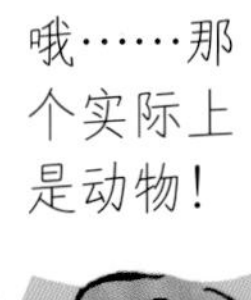
哦……那个实际上是动物！

你说什么？
那是一只棘皮动物，未来这一类动物里包括了我们熟悉的海胆和沙钱。
现代棘皮动物
沙钱
海胆
海星
海参
海百合

棘皮动物跟节肢动物和软体动物不同，它们的体表没有硬壳，但是体内长着坚硬的骨头。
啊，就像我们的骨头一样！
没错！
不过，它们的骨骼是由跟珍珠或蜗牛壳近似的物质构成的，比我们的骨头要坚硬得多。
这太酷了……我从来没想过，这种长得像外星人一样的东西居然和我们有相似的地方。
在我们目前遇到的所有动物里，这些家伙和我们脊索动物的联系是最近的，知道这一点以后你肯定要更惊讶了！

什么？这不可能吧？！还是虫子或蛞蝓和我们看起来更像。
这种东西连个脑袋都没有。

没错，和我们看到的其他动物相比，这些家伙的确既古怪又特别。

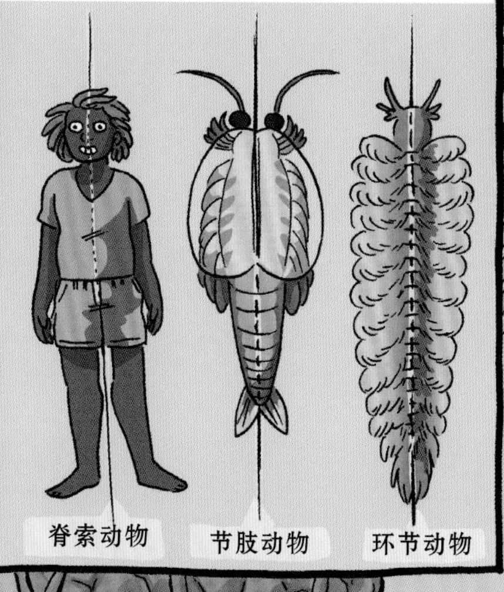
这是因为我们和刚才遇到的其他动物一样，都有着**左右对称**的身体结构。左右对称的意思是，如果你在我们身体的正中间画一条竖线，那么被这条线划分出来的一半就像是另一半的镜像一样。
脊索动物
节肢动物
环节动物

棘皮动物的身体则是**辐射对称**的，也就是说，可以画出不止一条对称中线，划分出的每一块都像是从一个派上分出来的一模一样的小块。

虽然这些动物看起来如此不同，但它们和我们的联系还是比虫子近多了！
呃，好吧……我相信你的话。

嘿，这个小东西看上去也是对称的，它是棘皮动物吗？

它看上去像是长着坚硬的内骨骼的样子吗？

它摸上去非常软，所以我想应该没有。

那么它是什么呢？

现代刺胞动物
那是刺胞动物，是最古老的动物家族的一员！
水母
僧帽水母
眼前这个小家伙是海葵的一种。
箱水母
海葵
哦，我们在海洋馆看到过这些！
海鳃
珊瑚
我以前真的以为它们是植物。
就像软体动物一样，它们比你想象的活跃多了。简单来说，海葵可以看成一段柔软的管子，管口长着许多黏糊糊或长满了尖刺的触手。它们会用这些触手抓住漂过的微粒或生物，把它们塞进管子里去消化。
嘿，是水母！
等等……水母的英文“jellyfish”中有“fish”（鱼）这个单词，这意味着水母是脊索动物吗，就像皮卡虫一样？
不，人们给事物命名的时候一般不会考虑太多生物学的因素。实际上，在给许多小怪物命名的时候，我们甚至还不知道它们到底是什么东西！
所以，如果想要搞明白一种动物的种属的话，观察它们的身体结构比根据名字推断可信多了。

就水母而言，它们既没有脊索，也没有神经索，所以它们绝对不是脊索动物。
它们的神经像网一样遍布全身，而不是在后背形成一条粗粗的脊索。
水母有“后背”吗？
很多东西水母都没有。
简单来说，水母其实是一团漂浮的细胞，这团细胞中间包裹着一个胃。
这就解释了为什么刺胞动物演化出了有刺的触手，因为这样它们就能抓到猎物了，哪怕它们没有精巧的神经网络或感觉器官，或者……
或者其他动物身上有的……
所有器官。
所以，水母差不多就是在水里漂来漂去的陷阱喽。
而且它们很漂亮！

好啦，所有动物都见过啦，我们应该还有时间去看看新秋千！
别这么心急呀，我们还有几种动物没看呢。
眼前刚好有一个！
什么，这不是水母吗？我们刚说完水母。
实际上，这是栉水母动物门，这个名字的意思是“梳子水母”。
虽然看起来和水母非常像，不过栉水母动物和水母之间的不同比你想象的要多。
球栉水母（最常见）
现代
栉水母动物门
兜栉水母
爱神带栉水母（像长彩带一样的栉水母）
瓜水母（会吃其他栉水母！）
首先，栉水母动物不一定总是拖着一堆长长的触手，即便有触手，一般来说也只有两条。
其次，栉水母动物身上长着一行行纤毛，它们有点儿像小小的触手，也像很多不断踢动的腿。这种动物就是依靠纤毛在水中移动的。
有触手的栉水母没有水母身上常见的刺细胞，所以它们有时会捕食水母，好把水母身上的刺细胞偷过来。
哇，它们真的好漂亮呀！
栉水母确实漂亮，而且它们是所有动物中第二古老的，非常特别。
第二古老的？那最古老的是什么呀？
想要见到那些动物的话，我们就得在海床上找找了。
它们躲在这些东西里吗？
它们就是这些“东西”呀！
呃，什么？！

它们是多孔动物门的成员，另一个更常见的名字是海绵。
玻璃海绵
钙质海绵
寻常海绵（最常见的海绵）
现代海绵
什么？这些东西真的不是植物吗？它们既没有四肢，也没有眼睛和嘴巴，而且……没有对称结构呀！
它们只是一堆长满了小窟窿的疙瘩而已！
那些窟窿实际上是用来滤食的，因为它们和植物不同，无法依靠来自阳光的能量获取养分。
这些小孔里总是会有水流通过，海绵会吸收水流中携带的营养微粒。
所以，可以说它们浑身长满了小小的嘴巴。
也就是说，那个特别受欢迎的海绵宝宝实际上应该是……
话说回来，并不是所有海绵都满足于坐在原地滤食。在我们的时代，有些海绵成了肉食性动物，它们会用细小的钩子困住猎物，再慢慢地把它消化掉。
竖琴海绵
动物们实际上比看起来的模样更可怕也更迷人，这是个多好的例子呀！

你有没有惊叹于寒武纪的奇妙呢？
我不觉得我看到了足够让我“惊叹”的东西。
这些动物是很酷，不过，与其看这个远古时代的迷你海景，我更愿意回现代去看那些不需要放大镜就能瞧见的动物。
好吧，如果你想看大一点儿的动物，那么是时候见见寒武纪最大的动物了。
皮托虾
赫德虾
哇，这真的好大呀！
抱怪虫
这是奇虾，它是人类迄今为止发现的最大的寒武纪掠食动物。
它看起来有点儿像节肢动物。
可能是因为这家伙和它那些奇形怪状的亲戚都是节肢动物的表亲吧。
不过它们没有分节的腿，所以——
所以它们不可能是节肢动物，因为节肢动物都有分节的腿。
没错！

奇虾是有些出人意料的大型捕食者，它们会用那两条长长的近似于吻部的东西捕捉猎物。
它们的亲戚体形要稍微小一些，也更奇怪一些。
比如欧巴宾海蝎。绝大多数动物眼睛的数量都是偶数，可是它们有五只眼睛。
它们会用末端长着一只爪子的长吻捕捉食物，把抓到的小动物直接塞进那张倒长着的奇怪嘴巴里。
这家伙看起来就像科幻电影里的生物一样，太神奇啦！
所以寒武纪还不够让你激动吗？
好吧，我的确比刚才要“惊叹”多了。
不过，要让我服气的话，这些动物得演化得更厉害点儿。
那我们就去看看几百万年后它们过得怎么样吧，让我们……

元古代
寒武纪
4.6亿年前
奥陶纪
志留纪
去……
奥陶纪
泥盆纪
石炭纪
奥陶纪！
二叠纪
中生代

我们上次看到的脊索动物基本上是扭来扭去的小东西。
到了奥陶纪，它们不仅个子变大了不少，还长出了一层厚厚的甲壳来保护自己。
一个有趣的小知识：那层甲壳实际上是珐琅质的，就像我们的牙齿一样！就好像长在皮肤外面保护身体的是一颗巨大的牙齿。
真有意思！它们现在有脊椎了吗？
有了，它们已经是不折不扣的脊椎动物啦！不过，它们还缺少几个我们拥有的东西。
最主要的一点是，它们没有下颌骨，也就是控制我们的嘴巴开合，让我们能咀嚼东西的骨头。
星甲鱼
阿兰达鱼
萨卡班甲鱼
嗦溜！
它们主要通过把东西吸进嘴里来进食。这样吃东西也不坏，只不过没有用下颌骨来咀嚼有效率。
但我猜，因为我有下巴，所以我带了点儿偏见。
嘿，这些植物看起来也是新的。

植物？
哦！这些实际上是动物。
又是这一套。
还有多少我以为是植物的东西实际上是动物？
这是珊瑚，它是刺胞动物的一种，就像水母一样。
可是，珊瑚有这么多硬硬的部分，和那种漂来漂去的毒口袋一点儿都不像。
你确定吗？来，离近点儿，再仔细看看。
你看见那些从珊瑚里伸出来的长触手的小东西了吗？
那些小家伙叫作**珊瑚虫**，每一只都是独立存在的动物个体。
每只珊瑚虫都会在自己的身体四周制造出一层硬壳，这层硬壳会和其他珊瑚虫的硬壳连接起来，共同组成珊瑚的结构。
就像一栋住满了珊瑚虫的公寓楼！

有些群居的珊瑚会捕食路过的浮游生物或其他小动物。
惨了！
有些珊瑚靠光合作用生存，也就是说，它们能像植物一样通过阳光创造养分。
如果它们像植物一样生存，那为什么不能算是植物呢？
因为它们本来就是动物呀！如果你是从动物演化而来的，那么你无论如何都不可能再“演化”成植物。如果你的祖先是动物，那么你也肯定是动物。
植物
珊瑚
其他动物
动物和植物的共同祖先
你
你的兄弟姐妹
姑妈
你的父母
你的祖父母
就像即便你和你的姑妈长得特别像，也不能说你变成你的姑妈了。
而且珊瑚的光合作用得依靠生活在珊瑚虫上的藻类的帮助，所以，进行光合作用的甚至不是珊瑚这种动物本身。
珊瑚虫为藻类提供了很好的生存环境，作为交换，进行光合作用的藻类会把产生的养分与珊瑚虫共享。
微小的藻类！
这是一种非常迷人的关系。
啊，这确实好可爱呀！
既然我们已经来到这片新出现的珊瑚礁上了，就来看看这个时代还出现了什么有趣的小怪物吧！

比如海星！
让我先猜一猜，海星（starfish）并不是鱼。
猜得没错。
它是辐射对称的，也不像刺胞动物那样软乎乎的……
所以，这一定是棘皮动物！
对啦！
你已经会通过特征而不是名字来判断动物的分类啦，干得好！
它并不是这一带唯一的新生棘皮动物。
这些好像长着羽毛一样的动物叫作**海百合**。
它们用这些像羽毛一样的东西来捕捉漂浮过来的食物吗？
就是这样！你是怎么知道的呢？
我们看到的很多海洋动物都会用奇奇怪怪的触手之类的东西这么做，看来这东西都是这样用的。
很好的推理，年轻的生物学家。

这个时代的海百合用柄把自己固定在海床上，不过，在我们的时代，不是所有海百合都长着柄。
有些会在水里游。
有些可以走来走去。
用触手在海床上走！
听起来这些东西应该长得挺吓人……
确实吓人。
不过，总不会比这些长刺的家伙吓人！
哦，是海胆呀！我们刚才在水族馆见过。
它们看起来不算很恐怖，也不会做什么特别恐怖的事情。
毕竟大多数海胆都是吃海藻的，很少找其他动物的麻烦。
不过，它们是用身体正下方的古怪嘴巴来吃藻类的。
喂，你想干什么？
那是一个分为五瓣的口器，名叫亚里士多德提灯。
哇，这真吓人。
但海胆并不是奥陶纪海底唯一长着吓人口器的动物！
喂！

这是多毛纲动物的典型特征，它们是我们在寒武纪看到的蠕虫的远亲。
它们看起来和那时候差不多嘛。
啊，但你仔细看看就能看到……
它们长着大嘴巴！
哎哟！我不喜欢这个！
奥陶纪的多毛纲动物大多是掠食者，不过，在我们的时代，它们占据了许多不同的**生态位**。

哎，你还记得生态位是什么吗？

就是一种动物住在哪里，它吃什么，以及它被什么东西吃！

没错，答得很好。

在我们的时代，多毛纲动物既奇妙又多种多样。有的多毛纲是美丽的滤食动物，比如大旋鳃虫。

奥陶纪的海洋是软体动物的天下！
其中最典型的是**头足纲动物**，这个名字的意思是“长在脑袋上的脚”。
内角石
薇角石
因为它们的样子看起来就像是长着一堆脚的脑袋，所以过去的人们觉得这个名字很合适。
我明白了。
它们一定和章鱼有点儿关系，对吧？虽然章鱼应该没有甲壳。
没错！
现代章鱼的确是头足纲动物，不过它们已经没有外部的甲壳了。
软软的！
在现代头足纲动物里，身体外面还长着甲壳的只有**鹦鹉螺**。
一点儿都不软……
乌贼的甲壳则长在身体内部。
甲壳！
既软又不软！

虽然身上背着巨大的甲壳，
但房角石这样的庞然大物还
是成了这片古老海域的顶级
掠食者。
直角石
哇，这些
家伙真的
好大呀！
房角石
不过，并不是所有
奥陶纪软体动物都
大得惊人。
这些在海床上生活的小蜗牛和双
壳贝同样值得欣赏。
哎哟，它们
可真漂亮！
当然漂亮啦。
既漂亮又
好吃呢！

至少节肢动物觉得它们很好吃。
奥陶纪生活着已知最大的三叶虫，那就是**等称虫**。
啧啧
和它的亲戚比起来，这种体长 70 厘米的三叶虫毫无疑问算是巨人了。
哎呀，这只还长着可爱的眼柄！
嘿，等等，这个看起来有点儿眼熟。
是的，这是一只鲎。
我们的时代也有这种动物呀，它们在奥陶纪干什么呢？
它们存在了很长很长时间。
自从在奥陶纪第一次出现，鲎的外观基本没有改变。
古生代
中生代
新生代（现在）
4.6 亿年几乎没有任何变化！
哇，它们的适应力真强！太惊人了！

不过，这并不意味着作为个体的它们坚不可摧，就像这只广翅鲎展现给我们的一样。
广翅鲎是一种全新的节肢动物，也被称为“海蝎子”，但这种动物实际上并不是蝎子。
五十桨战船鲎
蝎子要在 3000 万年后才会出现。
嘎吱
嘎吱
日后广翅鲎家族中会出现我们目前发现的最大的节肢动物，不过这个家族中绝大多数成员的体形还算合理。
海里真的发生了好多事呀。
地面上又怎么样了呢？
难道在恐龙出现之前，地表都是一片荒野吗？
很高兴你问了这个，因为刚好在奥陶纪，地表的一切开始变得有意思了。

我们眼前是奥陶纪广袤的森林。

确切地说，是苔藓森林。

哎哟，所以地表其实还是一片荒地喽？

差不多啦。
不过，多亏了这些苔藓，这种状态不会维持太久的。

苔藓为日后所有占领陆地的生物铺开了道路，不仅仅是其他植物哟！

像苔藓那么小的东西，我们是怎么知道它们存在过的呢？是找到了苔藓化石吗？
好问题！

看来现在正是给你讲讲化石形成的好时机！

如果你不介意的话，我就暂时回到老师的角色啦，罗妮小姐。

首先，一个重要的知识是，不是所有化石都是完整的骨架、外骨骼或甲壳。

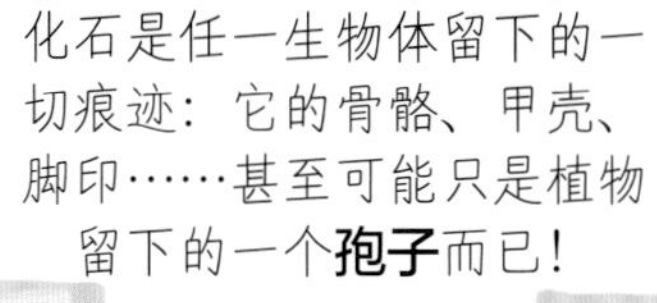
化石是任一生物体留下的一切痕迹：它的骨骼、甲壳、脚印……甚至可能只是植物留下的一个**孢子**而已！

足骨
脊椎
牙齿
单一骨骼化石
恐龙足迹
多毛纲动物的爪子
孢子
叶子的印痕

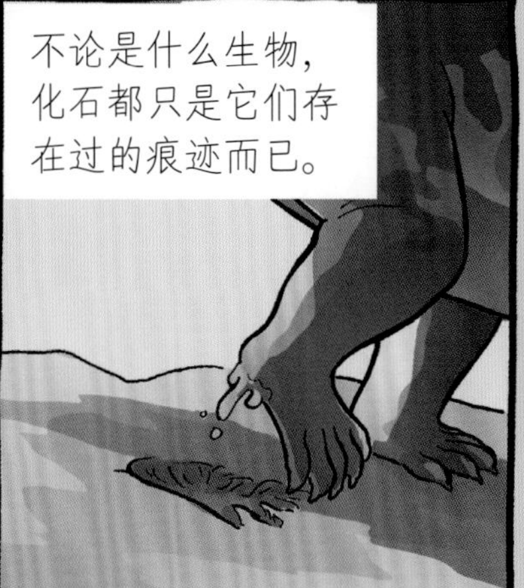
不论是什么生物，化石都只是它们存在过的痕迹而已。

孢子是什么？

孢子是非常非常细小的种子，不过，它和绝大多数种子不一样，不是由两株彼此分享 DNA 的植物产生的。

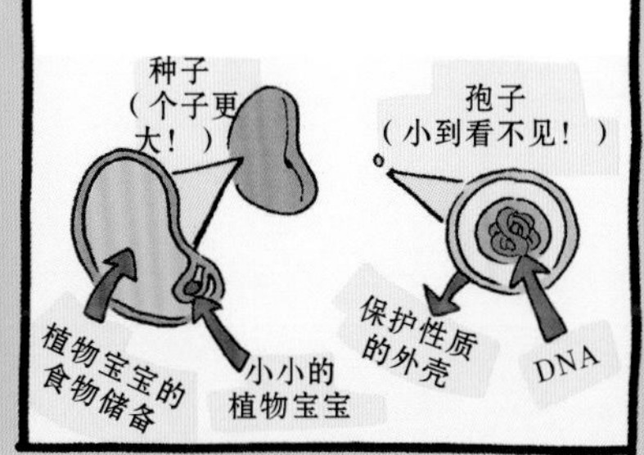
孢子通常是由单一植株生成的，其中只包含一个细胞，种子则包含多个细胞。
种子（个子更大！）
孢子（小到看不见！）
植物宝宝的食物储备
小小的植物宝宝
保护性质的外壳
DNA

孢子随着风力传播，落地以后，它们会变成亲代的小小的克隆体。
这个东西会释放孢子
孢子会变成这种长着叶子的东西

目前已经发现了可以追溯到奥陶纪的植物孢子，这说明在奥陶纪的陆地上一定已经有某种随风传播孢子的植物了。

人们是怎么在一块石头里找到那么小的孢子的呢？那可是一万亿分之一的概率呀！

他们需要运气和非常好的显微镜……
以及非常非常多的耐心。

这种东西是怎么成为化石的呢？死掉的东西不是会腐烂消失吗？

绝大多数死掉的东西的确是会分解消失的。

不过，偶尔会有一些东西刚好陷入最适合形成化石的环境里。

在这种情况下，有机体在完全分解之前首先会被泥沙覆盖。河床和沼泽就是非常合适的环境！

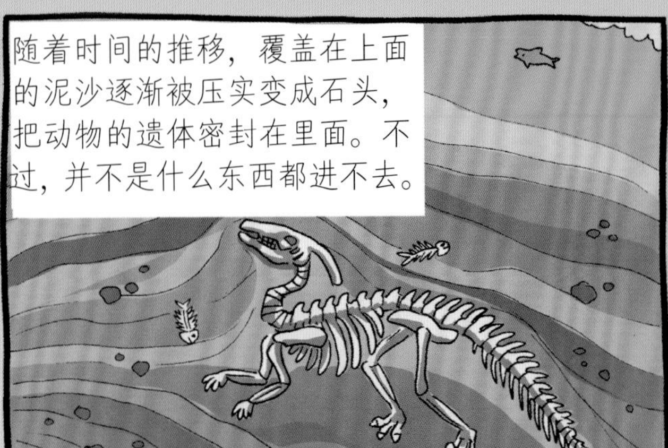
随着时间的推移，覆盖在上面的泥沙逐渐被压实变成石头，把动物的遗体密封在里面。不过，并不是什么东西都进不去。

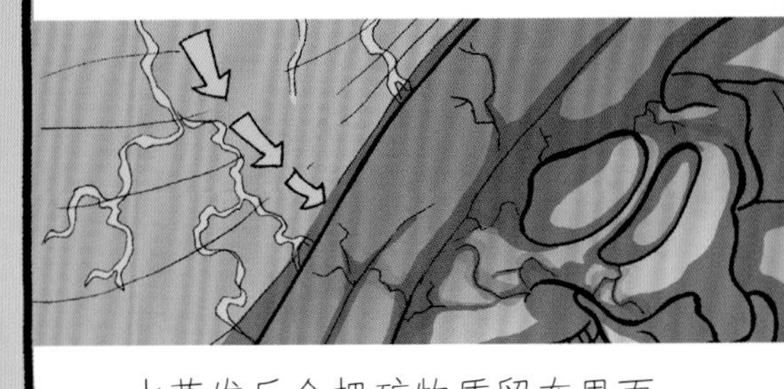
水能够通过岩层渗进去，而且水中包含矿物质。
水蒸发后会把矿物质留在里面。

过了一段时间……

又过了很长时间……

再过了很长时间以后，动物的遗体就完全被坚固的矿物质取代了。

这时候你发现的就是化石啦！

有时，构成化石的矿物质非常美丽，比如这些在澳大利亚出土的化石，它们是由欧珀构成的。
哇……
它们不仅漂亮，还能告诉我们许多过去的事情！

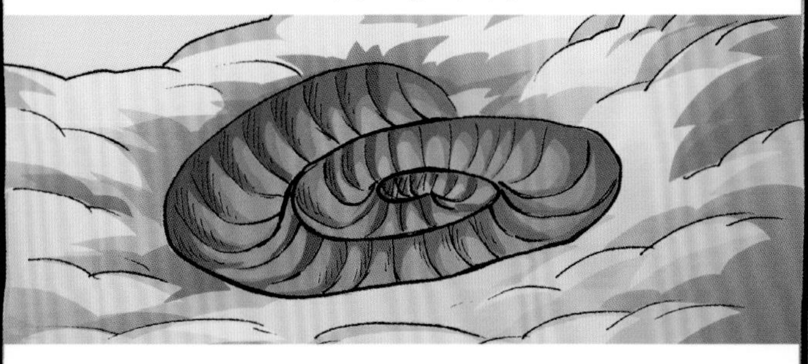
有的形成化石的矿物质十分脆弱，在出土前就已经完全损坏了。
这样就会在岩层里化石曾经存在的地方留下一个坑洞，但这个洞也是很有用的！

这种东西叫作**模铸化石**，就像做果冻的模具一样。
如果你在里面填上东西……
就可以做出化石的样子了！
就像用模具做果冻一样！

好吧，但水母或头足纲这样的动物怎么变成化石呢？它们基本上是软乎乎的。

这些动物的化石确实非常稀少。它们必须待在凉爽且缺少氧气的地方才不会腐烂，也就是说，它们得立刻被泥土埋住。
腐烂了
没有腐烂

换句话说，它们得马上被放进天然冰箱里，不然就立刻分解得无影无踪了！

这样它们软软的身体才不会迅速分解，并且能像其他动物一样，随着时间的推移转化为矿物质，或在岩层里留下印记。

不过，我们找到的化石往往不是一整个生物体。

我们找到的通常是微小的线索，比如脚印、孢子或更大的动物身上小小的一部分，但这足够让我们知道一些关于动物本身的事情了。
脚印
能够告诉你什么动物曾经出现在这里，这种动物多大，以及它如何行走
树叶
各种各样的牙齿
能够告诉你这是什么动物、体形多大以及它吃什么

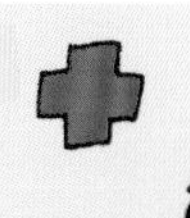

化石本身并不是唯一的线索来源。化石被发现的地点，以及周围还发现了什么化石，这些都能帮我们拼凑出一个完整的生态系统，告诉你这种动物是如何生活的！
牙齿
（告诉你这种动物吃什么）
一部分腿骨
（告诉你这种动物是什么、有多大）
许多鱼骨化石
（告诉你这个环境是淡水岸边）
这是一只生活在淡水附近的大型恐龙，很有可能主要以鱼类为食！

但它们不能告诉我们这种动物长什么样子。如果科学家找到的只有一颗牙或一块骨头，那么他们是怎么推测出这种动物的模样的呢？

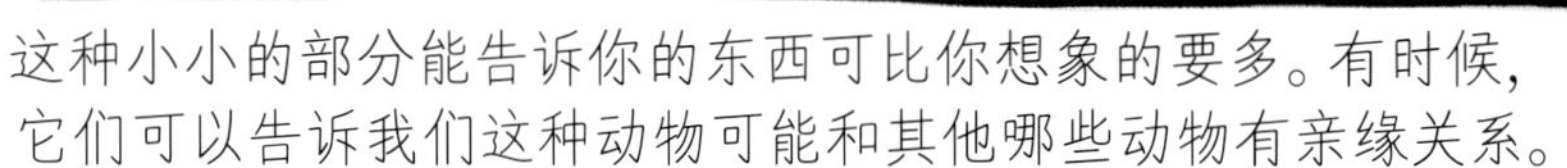
这种小小的部分能告诉你的东西可比你想象的要多。有时候，它们可以告诉我们这种动物可能和其他哪些动物有亲缘关系。

腿骨
一部分前肢
嘿，这些和我们已经了解的那种恐龙很像……

我们已经了解的动物
新发现的动物
根据化石的尺寸做出的复原图！
然后，研究化石的古生物学家就能够通过数学的方法以及对这种动物其他表亲的了解来“填补空白”。

我和我的表亲长得一点儿都不像呀，我们怎么知道这样的复原是不是准确呢？
我们不知道！

不过，我们挖出来的东西越多，对远古生命的了解越多，我们的猜测就越准确。
哦，这一定是那种新恐龙的头骨。
旧模型
新模型
哇，我们之前完全错了！

我们现在发现的化石比以往多太多了！

我们对某种动物外形的概念会随着新物证的发现而不断修正，每个小小的新发现都会让我们距离真相更进一步。
兽脚类恐龙最早的复原图
20 世纪中期的兽脚类恐龙复原图
现代的兽脚类恐龙复原图

这难道不是很棒吗？
嗯……你这么一说，的确很棒啦。

这就像在玩拼图，每一块拼图都是动物的一个小小的碎片，你得想办法把这些碎片拼在一起。

你手里的碎片越多，就越容易猜出完整的画面是什么样子的！

有时候你还能发现一个保存得近乎完美的样本，这样你就差不多能知道关于这种动物的一切了，连皮肤的质感和颜色都可以知道。
这也能帮助我们增加对它的亲戚的了解，对吧？
断腿恶魔龙
一块保存得非常完美的化石！

而且我们越积极地发掘这些线索，就越有可能会找到完美的化石！
就是这样！

通向完美发现的道路是由细小的骨头碎片和深思熟虑的猜测铺成的。

不过，现在呢，我们还是回到旅途中，去看看……

元古代
寒武纪
志留纪
奥陶纪
4.2亿
年前
志留纪
泥盆纪
石炭纪
二叠纪
中生代
古生代最短暂的
志留纪……
有什么在等着
我们吧！

首先来看看我们的祖先，也就是鱼类！
无颌鱼类依然过得不错。
伯肯鱼
福尔卡鱼
维塔盾鱼
颤盾鱼
不全盾鱼
哇，它们看起来几乎已经和普通的鱼一样了！

不过，在志留纪，无颌鱼有了竞争对手，那就是**盾皮鱼**。
初始全颌鱼
这条鱼有下巴！

这是不是说明它们更适合吃东西了？
可能说“更适合”不太对吧，因为无颌鱼过得还是很好的。

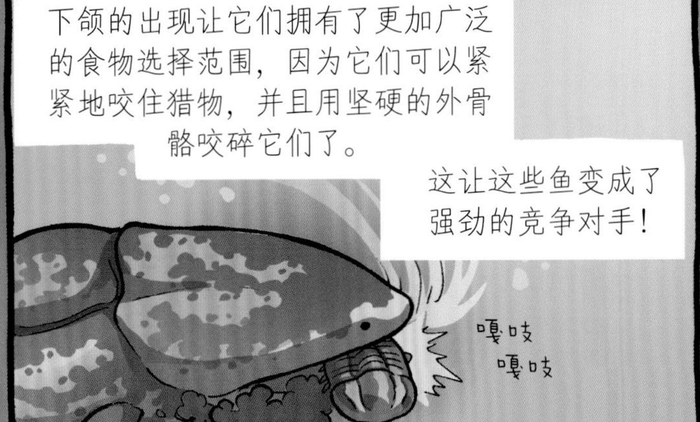

下颌的出现让它们拥有了更加广泛的食物选择范围，因为它们可以紧紧地咬住猎物，并且用坚硬的外骨骼咬碎它们了。
这让这些鱼变成了强劲的竞争对手！
嘎吱
嘎吱

不过，它们并不是这片海洋中唯一的新生鱼类。

来见见爱伦托鲨，这是最早的鲨鱼之一。
鲨鱼的知识我知道！
它们的骨架是由软骨组成的，就像我们鼻尖的软骨一样。
这些家伙看起来和我们那个时代的鲨鱼好像呀！
说实话，我们还不太确定这种鲨鱼是否真的长成这样，我们到现在找到的化石只有几片鳞片而已。
它们很有可能长得更像它们的远亲**棘鱼**，而不是现代的鲨鱼。
棘鱼的骨架也是由软骨构成的，它们和鲨鱼在其他几个特征上也有些相似。不过，它们之间有着更多不同，所以棘鱼成了一个独特的种类。
又是一个种类吗？这样就有四种啦！我还以为只有鲨鱼和普通的鱼两种呢。
这些棘鱼看起来真的很像普通的鱼，它们后来是不是演化成普通的鱼了？

在我们的时代，鱼类主要分为以下三种：

等等……
人类？我没听错吧？

对呀，我们就是鱼！
但我有肺，有胳膊和腿，而且没有尾巴！
我怎么可能是鱼呢？

还记得吗？我们说我们“由什么东西演化而来”，并不意味着我们不再是原本那种东西了。

在鱼类这个情况下，我们是从爬到岸上的肉鳍鱼类演化而来的。它们来到了陆地上，长出了一些手指，并且决定索性留下来。

当然，这其中有很多很多步骤，不过这个我们就留到以后再谈了。
志留纪还有很多要看的呢！

尤其是要看看节肢动物。
这个时代有许多美丽的广翅鲎和三叶虫，不过三叶虫已经没有奥陶纪时期那么常见了。
阿迪达斯鲎
似乎是因为它们的腿太多，想要蜕掉外骨骼变得比较困难，而所有节肢动物都是要蜕皮的。
所以，三叶虫和腿更少的节肢动物比起来就不那么有竞争力了。
混海鲎
板足鲎

如果蜕皮不彻底，它们会死吗？
会！而且就算它们能活下来，蜕皮的时候，它们也是毫无防备地暴露在掠食者面前的。

即便蜕皮很顺利也是这样。
看来，对节肢动物来说，蜕皮真的很危险。

是呀，它们不仅要担心能不能把旧壳彻底蜕下来，还要小心别在蜕皮的过程中被吃了。

这让一些动物决定在海岸线上新生的植物间寻找安身之处。
哎呀，现在有森林了吗？

行吧，至少比上次看着更有森林的意思了。

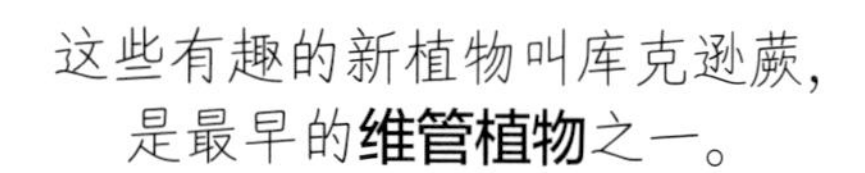

这些有趣的新植物叫库克逊蕨，是最早的**维管植物**之一。

维管植物拥有像血管一样的结构，这让它们可以把水分和营养物质输送到植物体内的每个部分。
管子！
管子！
这些“血管”可以让植物长得更大，远远比苔藓要大得多。
巴拉万石松

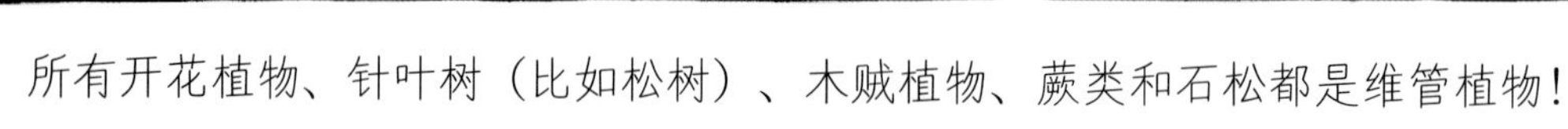

所有开花植物、针叶树（比如松树）、木贼植物、蕨类和石松都是维管植物！

开花植物

针叶树

木贼植物

蕨类

石松

我从来没有听说过石松
（club moss），它的
英文单词里有“苔藓”
（moss）这个词，为什
么不是苔藓呢？

哎呀，是
马陆！
这些东西有
毒，赶快离它
们远一点儿！

你想的是它们
的亲戚蜈蚣吧。

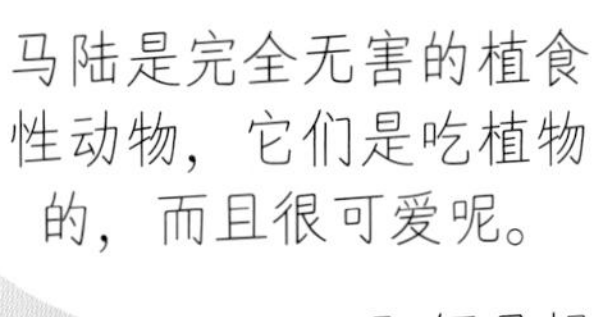
马陆是完全无害的植食
性动物，它们是吃植物
的，而且很可爱呢。

即便是蜈蚣，对人
类也是没有威胁的。

不过，在我们的时代，有能
够捕食蝙蝠的巨型蜈蚣。所
以，并不能说它们的毒牙对
所有哺乳动物都没有危险。
永别了，
残酷的世界！

所有蜈蚣都是肉食性动物，它们以其
他动物为食。蜈蚣并不是这片小小森
林中唯一虎视眈眈的掠食者。
嘎嗷……
不好！

蛛形纲动物已经
登场啦！
天哪！
嘿！
轰——

蛛形纲动物是拥有八
条腿的节肢动物。
蜘蛛
盲蛛
避日蛛
蜱虫
啊，就像
蜘蛛一样！
是的！这类动物还
包括蜱虫、盲蛛、
避日蛛以及……

像这样的蝎子。
这些蝎子和海蝎没有关系吗?

没有，与这些小小的半水生掠食者相比，海蝎实际上和鲎的关系更近。

蝎子很有可能在奥陶纪就已经来到陆地上了。
哎呀，我的死期到了……
它们借助退潮，捕食被海潮留在海岸上的倒霉动物，也不用担心自己被吃掉。

看起来陆地对蝎子来说简直是天堂!
既有很多东西吃，又没什么好担心的。
它们还是需要担心一件事的。

为了呼吸，它们的鳃必须保持湿润，所以在陆地上的时候它们必须屏住呼吸。
爬呀
爬呀
爬呀
呼……

不过，它们会解决这个问题的……

元古代
寒武纪
泥盆纪
那就是……
泥盆纪的事啦！
奥陶纪
志留纪
泥盆纪
3.8亿年前
石炭纪
二叠纪
中生代

泥盆纪经常被称为鱼类的时代，这是有充分的原因的。
志留纪有那么多种不同的鱼都没有被叫作鱼类时代，我可真想不到泥盆纪是什么样子。
现在是不是有七个不同的鱼类了？十二个？
并不是，实际上，这个时代的鱼类品种反而变少了，因为无颌鱼类已经灭绝了。
不过，在这个时代，**沟鳞鱼**这样的盾皮鱼比以前多了不止一点点。
菊石
这是泥盆纪被称为鱼类时代的原因吗，因为有很多沟鳞鱼？
并不全是，可能更多是因为沟鳞鱼的那些特别的亲戚。

比如**邓氏鱼**，这是有史以来体形最大的盾皮鱼类。
星鳞鱼
这种鱼大概能长到9米长，但我们到目前为止只发现过它们头部的化石，所以无法确定它们究竟有多大。
哇！看它们的大牙！
而且在泥盆纪的海洋中，它们并不是唯一的大型鱼类。

它们的亲戚**霸鱼**体形一样庞大。
霸鱼更喜欢靠滤食过活，它们会一次性吞下大量海水，然后把水中美味的微生物留在肚子里。
哦，就像鲸鱼一样！
这么大的个子，却只靠吃很小很小的生物生存，好奇怪呀。
这正说明了你不能“以貌取巨兽”！
不管怎么说，对于盾皮鱼而言，这样的大块头并不是很常见，更多的盾皮鱼是像小小的沟鳞鱼那样的。
全褶鱼
不过，就算是个子小一些的盾皮鱼类，也比这一带的节肢动物要大得多。

这只三叶虫看起来好像有点儿生气。
啊，这只镜眼虫不是故意的，它的脸就长这样。
这只身上长着好多刺呀！泥盆纪的三叶虫很酷。
我也是这么认为的！
这些尖刺不仅看起来酷，而且能帮助这些节肢动物抵御捕食者的攻击。现在到处都是有下颌的鱼，它们想要保护自己越来越难了。
三叉戟三叶虫
科尼佩三叶虫
不过，我猜，长了这么多刺的话，蜕皮就更困难了，对吧？
是的，我非常确定很多长着尖刺的三叶虫是在蜕皮的时候遭遇不测的。
它们为了保护自己而演化出来的尖刺反而要了它们的命。
嘿，我几乎没有看到海蝎，它们灭绝了吗？
哦，实际上，它们搬家到……
不那么咸的水域了。

我们现在所在的地方是泥盆纪的一个淡水湖，莱茵耶克尔鲎就住在这里。
哇，好吧，看来海蝎绝对还没有灭绝。
没错！它们不仅还活着，而且活得很好呢。它们捕捉生活在淡水河流和湖泊中的体形更软的淡水鱼为食。
莱茵耶克尔鲎不仅是广翅鲎中体形最大的一种，而且可能是体形最大的节肢动物之一。
它们与许多肉鳍鱼类生活在同一个环境中，还有几种淡水鲨鱼，比如奇形怪状的异刺鲨。
异刺鲨
哎呀……这些倒在地上的树干看起来好像是比小小的库克逊蕨更大的植物。
哦，对啦，自上次造访陆地以来，这里发生了不少事，你看见了一定会高兴的。

是真正的森林，里面有树木什么的！终于有啦！
是的，但这些树木和我们时代的树木有很大的不同。
这些树木仍然是依靠孢子来繁殖的，就像它们的表亲蕨类、木贼与苔藓一样。
现代树木不会传播孢子吗？
现代树木的繁殖依靠的是种子，而不是孢子。
现代树木是种子植物，在泥盆纪的这片森林中，低矮的下层灌木里才能找到它们的远古亲戚。

所以，虽然现在有了树木，但它们是很奇怪的树！
你这么一说，它们看起来是很奇怪。
是呀，如果你仔细观察这些叶子，就会发现，比起橡树叶或松针，它们长得更像蕨类植物的叶子，对不对？
如果你看得再仔细一点儿，就能看见在这片森林中安家的节肢动物了！

比如最早的昆虫，这
时候它们还非常小。

这是一只弹尾虫，我们
的时代也有这种昆虫。
它有六条
腿，的确是
昆虫，一点
儿没错！

它们会用尾巴把自己弹出去，好躲避掠
食者，所以有了“弹尾虫”这个名字。
好吧……那
这个……
这是怎么回事呢？
这也是古生物学家们第一次
发现原杉藻的考古证据以来
一直在问的一个问题。
它们真是太奇
怪了，对不对？
嗯，是呀。

这是植物吗，或者是什么东西建造的？
目前绝大多数人都同意这些东西其实是巨大的真菌。
它们的体形令人震惊！原杉藻能长到7米多高，它们的古怪形状在泥盆纪的环境下非常引人注目。
真菌难道不是植物吗？
并不是，真菌属于一个独立的种属，既不是动物，也不是植物。
其中居然有一种能长得这么高大，在我看来实在是太美妙了。
泥盆纪真是个了不起的时代呀！

薛西小姐，你有没有被什么东西盯着的感觉？
确实有这种感觉。

哗啦
哗啦
哗啦

嘿，那条鱼刚才在陆地上！
对，那是一条**提塔利克鱼**。

这是一种既有鱼类特征，又有四足动物特征的动物，它和我们的祖先是近亲，也和所有四足动物的祖先关系很近。
所以，它就像是我们的曾曾曾曾曾……曾叔祖一样！

四足动物是什么？
四足动物是所有陆生脊椎动物的统称，这个词的字面意思是“四只脚”，因为生活在陆地上的脊椎动物都有四肢。

那么……蛇属于什么呢？
这个嘛，有些四足动物在漫长的时间中丢掉了四肢。

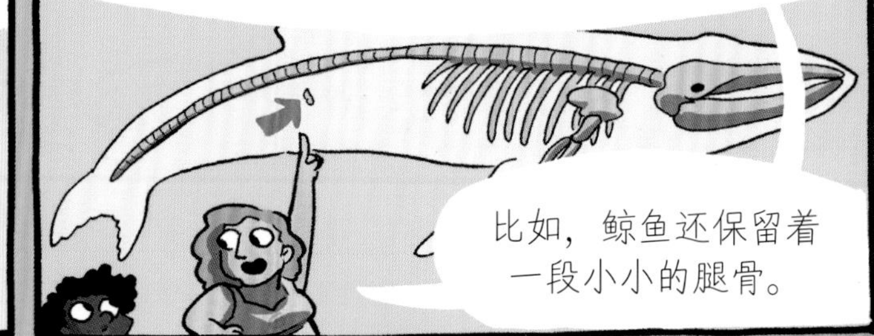
不过，我们都是同一个拥有四肢的祖先的后代。而且，即便是如今不再有四肢的动物，身上往往也有一些有过肢体的痕迹。
比如，鲸鱼还保留着一段小小的腿骨。

就像我们刚才讨论过的一样，你不会因为演化而变得不再是某种东西了，所以，人类、蛇以及鲸鱼都是四足动物。

可是……鱼鳍看着一点儿都不像胳膊呀。而且它们爬到岸上以后要怎么呼吸呢？这种事到底是怎么发生的？？

好问题！看来是时候再上一堂课了。

好啦！从水中登上陆地实际上是很困难的，远远比你想到的要难得多。

四肢或肺这样的器官演化出来需要很长时间，你甚至可能会觉得这种事简直就是奇迹。

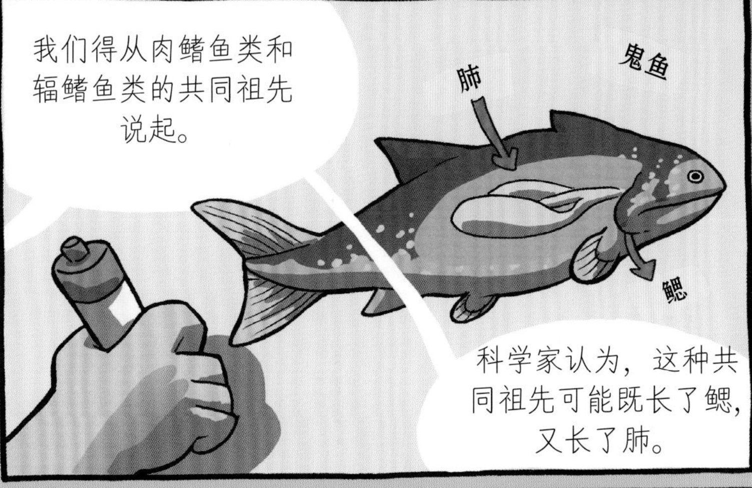
我们得从肉鳍鱼类和辐鳍鱼类的共同祖先说起。
肺
鬼鱼
鳃
科学家认为，这种共同祖先可能既长了鳃，又长了肺。

在我们的时代，鱼类已经没有肺了，对吧？它们只有鳃，离开水之后就不能呼吸了。

辐鳍鱼类的肺已经不能发挥功能了，不过它们体内依然拥有这个器官。
那就是所谓的**鱼鳔**，这是它们体内一个充满了气体的小袋子，能够帮助它们浮在水中。
金枪鱼
泥鳅
翻车鲀
黄高鳍刺尾鱼
安黛鱼
一种已经灭绝的辐鳍鱼

不过，在我们的时代，有些肉鳍鱼类仍然有肺！

你听说过**肺鱼**吗？
那是什么？

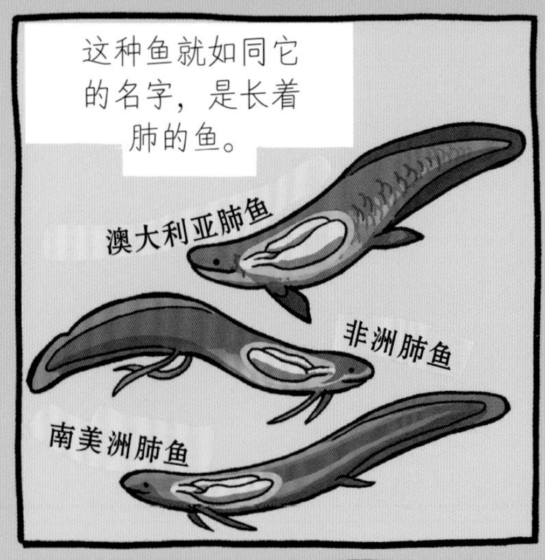
这种鱼就如同它的名字，是长着肺的鱼。
澳大利亚肺鱼
非洲肺鱼
南美洲肺鱼

它们可以呼吸空气，是和我们关系最近的鱼类亲戚。
呼！
我从来不知道！

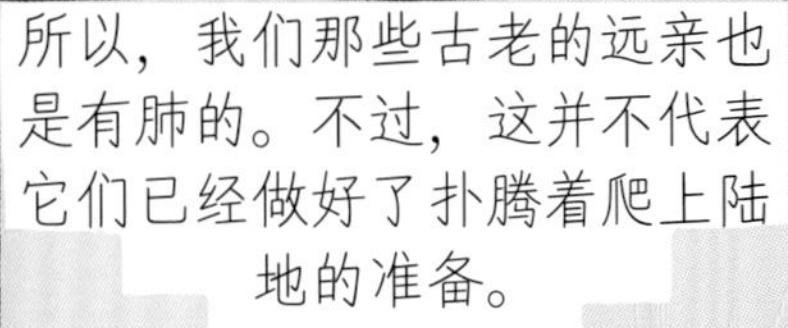

所以，我们那些古老的远亲也是有肺的。不过，这并不代表它们已经做好了扑腾着爬上陆地的准备。
潘氏鱼
啪啪
你是怎么做到的？？
它们还需要一些用来扑腾的东西。

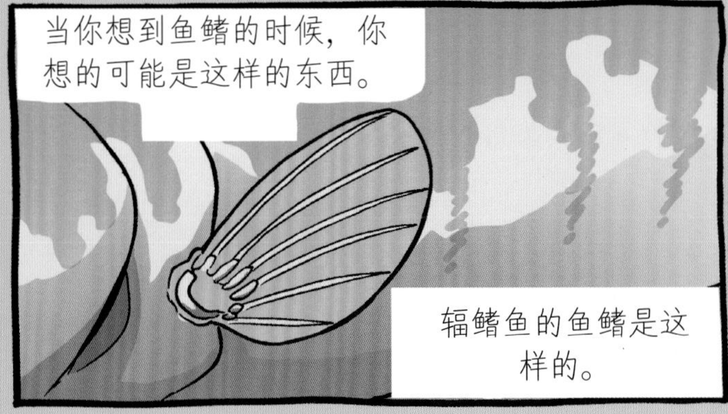
当你想到鱼鳍的时候，你想的可能是这样的东西。
辐鳍鱼的鱼鳍是这样的。

而肉鳍鱼的鱼鳍是这样的。最典型的是腔棘鱼类的鱼鳍，这种古老的鱼类在我们的时代依然存在。

和辐鳍鱼类相比，肉鳍鱼类的鳍好像有更多大块的骨头。
确实是这样，这让它们的鳍拥有更复杂的结构。如果你打算在陆地上活动的话，这刚好是你需要的。

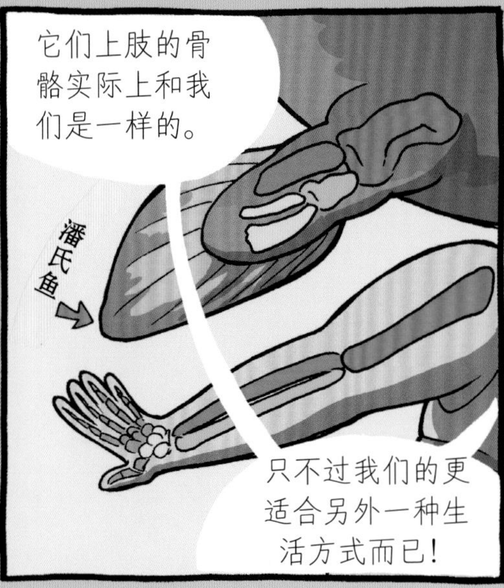
它们上肢的骨骼实际上和我们是一样的。
潘氏鱼
只不过我们的更适合另外一种生活方式而已！

这些鱼类生活在面积更小的河流和湖泊中，不需要强壮的尾巴来快速游动很长的距离了。
大海
沼泽

它们更需要用**胸鳍**来做更精细的动作，胸鳍就像我们的胳膊。
胸鳍！

随着时间的推移，它们的肢体变得越来越粗壮，活动起来也越来越灵活。
鱼石螈
提塔利克鱼
棘螈
潘氏鱼
然后，这些动物就能用四肢在河床或湖底“行走”了。

最终它们就这样走到陆地上来了？
没错！
彼得普斯螈

所以，简单来说，肺和四肢都是鱼类走上陆地很久很久以前演化出来的。
而且这些器官演化的原因和离开水行走完全没有关系。
你已经明白啦。

这种复杂的结构不是一夜之间演化出来的。
就像飞行的演化一样。

哦，这个我还记得！

最初羽毛演化出来是为了保暖。

然后又用于求偶。

羽毛只是刚好很适合用来飞行而已。
哇，这是啥？

没错，讲得很好！

不过，这些鱼类为什么会离开水呢？这看起来很麻烦呀。

我们很快就能看到了，因为陆地上有很多美味的虫子。
总有一天要抓到你！

另一个原因是，陆地是淡水中的大型掠食者唯一到不了的地方。

哦，这真的很有道理，换成我的话，我也不想在有巨大的莱茵耶克尔鲎出没的河里待着。

我们确实没有留在那里！我们的祖先从水里离开了。

现在它们只需要面对地表生态系统中不断增加的危险就好了。
呃……

让我们去看看这些生物又有了什么变化吧。

元古代
寒武纪
石炭纪
奥陶纪
志留纪
泥盆纪
石炭纪
二叠纪
3亿年前
一起去……
石炭纪!
中生代

无脊椎动物这时候
依然非常兴旺。
随着一个又一个
千年过去，这些
珊瑚礁变得越来
越壮观了。
不仅有棘皮动物缓缓爬
过海床，三叶虫也在它
们之间溜达着。
朱那鲨
这只三叶虫长得
可真怪。
这其实是一种
全新的节肢动
物——**等足目
动物。**
你可能在你家后院里见过和这个差不
多的小家伙，它们像螃蟹和虾一样属
于甲壳动物。在我们的时代，有些等
足目动物已经可以在陆地上生活了。
人们给这些好玩的小虫子起了许多
名字，你可能知道几个，比如西瓜虫、
潮虫或草鞋虫。
在我们的时代，海洋深处也生活着几种
等足目动物，它们的个子可大了！
我的
薯片！
嘎吱
嘎吱

此时的海洋也是许多新来的古怪鲨鱼的家园，比如硬硬的鳞片看起来就像“莫西干头”的**利斯塔克鲨**，以及体形巨大、大嘴像剪刀一样的**剪齿鲨**。
口鲨
栉棘鲨
利斯塔克鲨
哇，这是什么？它背上的怪东西是什么？
乌锯鲨
这是**脊鳍**，鲨鱼背上都长着这样的鳍。脊鳍可以让鲨鱼在水里游得更快。
不过，**胸脊鲨**的脊鳍和我们经常见到的鲨鱼不一样！
长鳍鲨
剪齿鲨
胸脊鲨的脊鳍和头顶上都长满了像刚毛一样的鳞片。
为什么呢？
看起来是为了吸引雌性。
哦！就像孔雀尾巴一样。
没错。
如果某种动物中只有一个性别拥有这种又大又古怪又显眼的东西，那很可能就是恋爱用的。
哇，好帅！

有些鲨鱼生活在淡水环境中。
不过，它们还远远不是这片水域的顶级掠食者，也没办法和根齿鱼这样的大家伙竞争。
异棘鲨
希氏巨鱼
根齿鱼
像引螈这样的两栖动物也不能小看。
哎哟，这比我见过的所有两栖动物都要大。
引螈
是的，石炭纪的许多两栖动物都比它们的现代后裔大很多。

不过，它们还是要经历变态发育的，这是现代两栖动物也会经历的一种身体变化。
幼年引螈
希伯特鲎
哇，也就是说，它们最开始的时候是巨大的蝌蚪？
没错。
幼年迷齿龙
怪螈
蛇螈
钝长螈
迷齿龙
当然了，两栖动物不会总是待在水里。

有些两栖动物，比如背着帆板的帆螈，它们成年后基本生活在陆地上……
只有产卵的时候才会回到水里。
哎哟，你好可爱呀！就像一只怪里怪气的彩色小狗狗。
谁是最乖的小帆螈呀？
它确实是一只很乖的帆螈，可惜它的听力不太好，听不见你夸它。
绝大多数石炭纪动物还没有演化出真正的耳朵，但有些动物已经有了和鼓膜一样的结构，可以接收空气中一些声音产生的振动。
??
所以，它可能听得见你在出声，不过仅止于此。
反正我并不觉得它听得懂人话。
这个我们就不知道了，没有化石证据支持这一点！
联邦快递螈

不管怎么说，就像你看到的这样，两栖动物在石炭纪填补了许多不同的生态位。
从河中的大型掠食者引螈……
到几乎只生活在水里的蛇形两栖动物……
再到那些为了躲避到处是掠食者的水道而到岸上生活的家伙，那可是第一批这么做的脊椎动物呀。
硬头螈
不过，这些小小的两栖动物并没有完全脱离掠食者的威胁——
等等，我知道你要开始介绍新动物了。
不过，我想让你先给我讲讲这些植物。
没问题！

它们身上长了
好多鳞片！
而且好大呀！
叶子的形状也
很奇怪。
你可能猜出来了，这些植物和我们时代的树木不太一样，它们依然是用孢子而不是种子来繁殖的。
现代森林里到处是种子植物，比如会随着季节变化落叶的**落叶植物**……
以及叶子像针一样，不会随着季节变化落叶的**针叶植物**。
这片森林中有针叶植物的亲戚。

不过，这里绝大多数植物是这种漂亮又古怪的树木。
比如，这棵芦木实际上是非常非常非常大的木贼。
这棵基本上是一株巨大的蕨类。
这棵鳞木属植物是石松的亲戚。
这些奇怪的大树让这个地方看起来就像外星一样。
再配上这些可怕的怪声……我不太确定我想不想知道出声的是什么。
是外星人吗？
你会不会没把我带到石炭纪，而是带到外星球去了？
没有啦。我想，你会觉得这些新朋友很眼熟。

那是奇妙的石炭纪节肢动物新生的翅膀发出的声音呀！
啊啊啊！不要！还不如外星人呢！
这些东西太大了！而且直冲着我的脸飞！
它们确实变大了。这是昆虫开始腾飞的时代……
而且真的飞起来了！
昆虫很快就变得非常多样，成了陆地上最成功的动物之一。它们直到现在都还保留着这个光荣称号。
而且它们征服了天空，早在鸟类出现的1.52亿年前就开始翱翔天际了。
真棒，现在它们想啃我的脸就更容易了。
别担心，这些家伙并不打算啃任何人的脸，它们是植食性动物。
真美味！
但对于最大的飞行昆虫来说就不是这样喽！
巨脉蜻蜓是蜻蜓的远古表亲，它是一种翼展超过60厘米的掠食者。
这太大了，真的太大了。

哦，这样的话，你可能不会喜欢我们下一个要见到的节肢动物……
它的名字叫**古马陆**。
这是马陆的一种，也是陆地上出现过的最大的节肢动物，不过它不是所有节肢动物里最大的。
那个纪录的保持者还是莱茵耶克尔鲎！
其实这家伙对我来说还好，毕竟它没有冲着我的脸飞过来，只是在礼貌的距离之外吃植物而已。
这种巨型节肢动物我喜欢。
大口咀嚼
太好啦！古马陆是非常友好的虫子，它们真的值得我们喜爱。
就像我说过的那样，如今这片森林里生活着不少有趣的四足动物！

我们刚才已经和两栖动物见过面了，现在四足动物家族里出现了几个新成员，比如爬行动物！

它们的皮肤比两栖动物更坚硬，这让它们更不容易脱水。“脱水”的意思是失去水分。

不是。虽然与两栖动物相比，爬行形类动物和爬行动物的亲缘关系更近，不过爬行形类动物缺少一样对爬行动物来说非常重要的

两栖动物和爬行形类动物的卵都只有一层薄薄的保护膜，所以它们必须在水中产卵，否则卵就会干涸死去。

它们在成长过程中也需要经过变态发育，也就是说，它们的宝宝长着鳃，必须生活在水里，直到成年后才会上岸。

羊膜动物是漫步在石炭纪的四足动物中的另一个主要类别，它们产下的卵有着皮革质的坚硬外壳。这样一来，这些卵不容易干燥，可以产在距离水域更远的地方，就更容易躲开潜伏在水里的掠食者了。

羊膜动物有着长满鳞片的皮肤以及跟皮革一样坚硬的软壳，因此，它们可以走到世界上更遥远的地方去，而其他脊椎动物却做不到。
啪嗒
啪嗒
啪嗒
啪嗒

羊膜动物分为三类。
第一类是双孔亚纲，有时也被称为“爬行动物”。
眼睛
鼻子
油页岩蜥
纤肢龙
双孔亚纲的颅骨在眼睛后面有两个孔。

这两个孔给了它们的下颌肌肉更大的附着空间，也让肌肉能伸展得更好，所以，这些动物的咬合力比那些颅骨没有孔的祖先强得多。

日后的双孔亚纲动物包含了蜥蜴、蛇、鳄鱼、非鸟恐龙类和鸟类！

等等……这意味着鸟类也是爬行动物。
可是，据我所知，爬行动物皮肤上覆盖着鳞片，而且它们是冷血动物。
??
鸟类是温血动物呀。而且我从来没有在鸟类的头骨上见过这种孔！

鸟类是从双孔亚纲祖先演化来的，而双孔亚纲动物是爬行动物，所以——
原龙
始盗龙
腔骨龙
始祖鸟
孔子鸟←一种鸟类
所以不能说一种动物不再是它演化之前的那种动物了。我明白！

第二类羊膜动物是无孔亚纲。
它们的眼睛后面没有孔。
没有孔

不过，这并不代表它们没有强有力的下颌。它们的下颌肌肉是直接连接在颅骨后面的！

我们的时代已经没有古生代无孔亚纲动物的后裔了。
没有孔，只有一个大大的凹窝！
不过乌龟的颅骨演化得和无孔亚纲很像。

等等，这不就意味着我们的时代还有活着的无孔亚纲动物吗？
乌龟更有可能是由双孔亚纲祖先演化来的，所以它们是双孔亚纲动物。
它们的颅骨上的确没有孔，不过它们的祖先绝对不属于无孔亚纲！

第三类羊膜动物是下孔类，我们就属于这一类。
下孔类动物在眼睛后面只有一个孔。
哈普托兽
伊安特齿龙
可是我们和那个长得一点儿也不像呀！

除了鼻子、嘴巴和眼睛，我们的颅骨上没有别的窟窿了。

可能还有耳朵？这个我不太确定。

是这样吗？那你管
这里叫什么呢？

太阳穴？

那个孔原来在
这里呀！

哺乳动物是仅有的现代下孔类
动物，我们的颧骨其实就是那
个孔的边缘。
为了附着更大的肌肉，这个孔变得
越来越宽、越来越浅。
哈普托兽
丽齿兽
三尖叉齿兽
始祖兽
狐猴
黑猩猩
人类
最后，整个孔都封了
起来！

石炭纪的下孔类
动物已经非常多
样化了。
有些背上长着漂亮的帆，始祖
单弓兽则有了傲人的体形。
哎哟，
真可爱！
它是石炭纪森林中最大的
肉食性脊椎动物之一！

它有点儿……呃，
没啥意思。
哎呀！你怎么能这么说
自己的祖先呢？！

开玩笑啦。就像我说过的那样，这
些四足动物的听力都不太好，所以
它可能根本没听见你说
的粗鲁话。

我也不觉得它听得
懂我们的语言。

她们两个
都错了。

如果你喜欢大家伙的话，不用着急，石炭纪的平原上有植食性的**基龙**和肉食性的**蛇齿龙**。
相对于双孔亚纲这个年轻的动物群来说，这两种动物的体形已经发展得很大了。
对啦，这才更像那么回事嘛！

对了，我们好像经常看到这种像帆一样的东西……
这是干什么用的呢？
这在古生物学上是个谜团。

它们有可能是帮助这些动物保持体温的……
嗯……真暖和！

也有可能是用来向同类和其他动物发出信号的。
一样的背！
一样的背！
在一个主要居民都是听力不太好的动物的环境里，后背背着大大的公告牌应该很有用吧。
一样的背！

在下一个时代，这些帆
在四足动物中依然非常
流行。
寒武纪
奥陶纪
志留纪
泥盆纪
石炭纪
二叠纪
早期
去二叠纪吧！
2.95亿
年前
二叠纪
我简直等不及想让
你看看那时候的下
孔类动物啦！
中生代

二叠纪的下孔类动物有了不少惊人的发展，其中一个是直立的站姿。
双腿伸开
双腿直立
这说明它们再也不需要肚皮贴着地爬来爬去了，跑起来也比它们的祖先快多了！
等一下，这不是恐龙吗？
我在恐龙塑料玩具和恐龙软糖里都见过这个。
那是人们对**异齿龙**的一种常见误解，异齿龙是一种肉食性下孔类动物，并不是恐龙。
那就说明它和我们是亲戚呀！
安吉拉异齿龙
是的，跟恐龙比起来，它和我们的关系更近。恐龙是双孔亚纲动物。
异齿龙家族的成员大小各异，安吉拉异齿龙（D.Angelensis）是其中最大的一种。
大异齿龙
条顿异齿龙
可爱的条顿异齿龙（D.Teutonis）则是最小的一种。
为什么每个英文名字前面都有一个“D”呢？
那是“异齿龙属”的意思，就像我们管君王暴龙叫“T.Rex”一样，T是“暴龙科”的意思。
“异齿龙属”这个属名就像我们的姓氏，种名则好比我们的名字。
名：小姐
姓：薛西
薛西小姐！
它们是同一个动物群——异齿龙家族——的兄弟姐妹。
异齿龙家族

下孔类动物同时占据了大型植食性动物的生态位，这其中既包括我们的老朋友基龙……
也有二叠纪早期最大的四足动物——**杯鼻龙**。
楔齿龙
我的天哪，它的脑袋……
这可能是我见过的最小的脑袋。
基龙
杯鼻龙
克色氏龙
蜥代龙
哈哈！它的脑袋这么小，是怎么移动身体的呀？
一般来说，不管某种动物的脑袋是大还是小，我都会捍卫它的迷人之处……
不过，你说得没错，它的脑袋的确小得可笑。这正是有意思的地方。
这就是它的魅力所在！
我喜欢这个家伙。
它是个好家伙。

它不会是我们在接下来的旅途中见到的唯一的好家伙！
我们回森林里去吧！
像**矮脚龙**这样的爬行形类动物正藏在底层灌木下面，虎视眈眈地盯着体形更小的亲戚和倒霉的两栖动物。
蜥螈就是它们的亲戚之一。虽然蜥螈还要回到水中产卵，不过它们已经完全适应了陆地上的生活。
阔齿龙
它们分布的范围很广，是二叠纪最成功的爬行形类动物之一。
古螈

一想到这些长得很像爬行动物的东西和青蛙一样在水里产卵，我就觉得很奇怪！
而且它们是从蝌蚪一样的怪家伙长成的。
这确实非常奇怪！你想想看，如果**羊膜卵**从来没有出现过……
我们人类最初也是一个个在水塘里游泳的小脑袋……
宝宝池
轻拿轻放
那就是你的妹妹！
你长得真快呀！
呃，那可真怪！
不过，这种事是不可能发生的。如果没有羊膜卵，人类根本就不可能演化出来。
那样的话，我们可能仍然跟这家伙长得差不多。
西吉龙
虽然这并不是什么坏事。

这片森林中依然生活着一些无孔亚纲动物，比如这只可爱的别里贝蜥。

有些无孔亚纲动物走向了一个不一样的方向，它们变成了半水生动物，并且绝大多数时候都生活在海里！
等等，等等，让我想想。
中龙
铁龙
方胸龙
为了躲避掠食者，外加寻找更多食物，两栖动物离开水爬上了陆地。
然后羊膜动物演化出了坚硬的卵壳，这样就能在离水很远的地方产卵，让它们的宝宝远离水中可怕的掠食者了。
然后这些家伙又觉得：“你知道什么好玩吗？还是在水里待着好玩。”于是它们就回到了自己几百万年来一直试图逃离的地方？
是的，这种事一直在发生呀，比如鲸鱼、海豹和蛇颈龙都是这样。
我是说，你也看到了二叠纪陆地上都有什么，对吧？这里已经不再安全啦。
两栖动物最开始的目的是躲避又大又可怕的捕食者，但在这个过程中……它们自己也成了捕食者。

二叠纪的水路中潜伏着梅尔龙和肿面螈这样的大型掠食性两栖动物。
这些两栖动物既能离开水生活，也能在水里生活。
有些动物在演化的作用下，绝大多数时间不再生活在水中，而是住在低矮的下层灌木里。
阿多螈
拍拍
怪螈
有些两栖动物更喜欢水。
像三节螈这样的两栖动物则终生不会往陆地上踏一步。
三节螈

谢莱德螈
戴西塞螈
潘指螈
巨头螈
棘孔螈
是谁把这只两栖动物拍扁了？
啊，这是**笠头螈**。
它是一种脑袋长得非常奇怪的两栖动物，也是我的最爱之一。我最喜欢怪家伙了！
和笠头螈关系最近的亲戚是这些长得像鳗鱼一样的小个子两栖动物，它们的脑袋相比之下就正常多了。
在我们的时代，两栖动物都是小小的，看到它们曾经长得这么大、这么奇怪，真有意思。
这些大块头不仅发展得非常兴旺，还生存了很长时间呢。
有些巨大的远古两栖动物甚至整个白垩纪都与恐龙共存，那可是中生代的最后一个地质时期呀！
科尔鳄
不过，它们的好时候绝对是古生代。

元古代
寒武纪
奥陶纪
志留纪
泥盆纪
石炭纪
二叠纪
中生代
古生代还远远没有结束。
还有很多动物在二叠纪晚期……
二叠纪晚期
等着我们呢！
2.54亿年前
我们先去拜访我们的昆虫朋友，看看它们现在过得怎么样吧。

它们过得相当不错。
虽然体形没有石炭纪那么大了，但现在它们变得多种多样，迅速填满了每一个能找到的生态位。
甲虫
还是以前那些家伙
蟑螂
蜉蝣
叶蝉
蜻蜓
蝎蛉
蝉

森林的地表？
这地方最棒了，它们可喜欢啦。

天空？
它们早就征服天空了，这都不是新鲜事。

河流？
石蛾幼虫
不用猜也知道它们肯定在。

哇！它们简直到处都是！
是呀，昆虫不仅数量众多，奇妙迷人……
而且很好吃。

当然啦，是这个时代的食虫性动物觉得好吃！
嗖——
哇，那只爬行动物刚才飞起来了！
差不多吧！
大口嚼
空尾蜥是一种能滑翔的双孔亚纲动物。
它虽然并不能飞行，却可以在树木之间飞来飞去！
有好几种爬行动物演化出了这样的滑翔翼，比如三叠纪有一种……
依卡洛蜥
甚至在我们的时代也有，那就是有时被称为“飞龙”的飞蜥。
沙地欧龙
这片森林里还生活着其他几种双孔亚纲动物，比如吃植物的原龙，它是这个时代的所有同类里体形最大的。
杨氏蜥
这种美丽的羊膜动物很可能是所有主龙的祖先。

你还记得主龙是什么吗？
鳄鱼和恐龙，以及很多已经灭绝了的爬行动物！
说得对！
双孔目动物不仅占领了天空和陆地，水里也有它们的身影。
有几种二叠纪晚期的双孔亚纲动物绝大多数时候都待在河流和湖泊中，这或许能帮助它们避开大型陆地掠食者的威胁……
坦噶蜥
霍瓦蜥

不过，这也让它们置身于锯齿螈的血盆大口之下。锯齿螈是我们发现的最大的两栖动物。
这种两栖动物最长能够长到9米以上，不过这个长度非常罕见。
大多数锯齿螈可能只有1.8米左右，这让它们与另一种大型淡水掠食者**尼日螈**相比还是略小一些。
尼日螈
*注：锯齿螈实际上生活在二叠纪结束的2000万年前，不过，因为它们实在太酷了，所以我完全无法放着不讲！

这个时期有好多两栖动物。为什么恐龙灭绝后它们也不存在了呢?
出了什么事?
这个嘛，二叠纪末期对于水生动物来说不是什么好时候，对陆生动物也一样，我们很快就能看到了。
甲螈
德维纳螈
除此之外，它们最终还要跟其他更加成功的水生掠食者竞争，比如鳄形超目和恐龙。
棘龙
埃他鳄
就像绝大多数灭绝现象一样，这些动物消失的背后有着许多原因。
不过，至少它们有很多可爱的后裔生活在我们的时代呀!
蛙类
蝾螈
蚓螈

但有些物种就没有
后裔幸存到现代了。
只有在古生代，我们才
能见到爬行形类动物，
比如这只毕氏螈。
你看，有些爬行形类动
物升级了它们的“装备”，
比如，背上的这些甲壳
或许能帮助它们抵御二
叠纪的大型掠食者。
乌拉尔螈
个子这么大的动
物需要担心什么
掠食者呢？
卡宾斯基龙
迟滞鳄
甲螈

羊膜动物的“装备”也升级了，比如长着尖刺的**盾皮龙**和它的表亲。
对于想要拿它们试试手（还是该说试试爪？）的掠食者来说，
它们看起来确实
很有威慑力。
虽然你一直在说陆生掠食者，我却一个都没看见！
那是因为我把自己的最爱留到最后了。

来见见丽齿兽类动物吧，它们是二叠纪晚期下孔类动物中的顶级掠食者。
这是狼蜥兽，它是我们到目前为止发现的最大的丽齿兽。你看，跟四脚叉开、肚皮贴地的祖先相比，它们着实有了很大的变化。
真的！
看看这个家伙，它的脑袋好大呀！
它还长着大牙，就像剑齿虎一样。
它们是亲戚吗？
狼蜥兽和俗称剑齿虎的**刃齿虎**有没有亲缘关系？
它们之间的关联并不比它们跟我们之间的关联近多少。
狼蜥兽并不完全是哺乳动物，哺乳动物在二叠纪晚期的祖先是另一种下孔类动物，叫作**犬齿兽**。
刃齿虎
犬齿兽
所有哺乳动物
丽齿兽类
异齿龙
下孔类
就像你的姑表亲跟你姐姐的亲缘关系不会比你跟你姐姐的亲缘关系更近一样！

说到下孔类……
去非洲
这边走！
它们并不全是
掠食者。
比如这些成群结队
在陆地上漫游的**麝足兽**就是吃植物的。
天使龙
还有不少体形小一点儿的动物，比如
在蕨类丛中钻来钻去的**内齿兽**。
内齿兽
罗伯特兽

更小的**双齿兽**生活在这些动物脚下的洞穴里。
哎哟，这些家伙真可爱！而且它们毛茸茸的！
是的，与丽齿兽相比，双齿兽和哺乳动物有着更近的关系，所以它们有不少和哺乳动物很像的特征。
其中包括一个对哺乳动物来说非常重要的特质：敏锐的听力！
咔嚓
二叠纪动物的听力普遍不错，不过，这种接近哺乳动物的下孔类成员的听力比其他动物发达得多。
它们会用曾经属于下颌骨的三块小骨头来感知声音的振动。
早期下孔类
介于丽齿兽和犬齿兽之间
异齿龙的下颌有一组骨头
犬齿兽
几乎是哺乳动物了
负鼠的下颌只有一块骨骼
哺乳动物
这三块骨头最终演变成了我们的内耳！

我的耳朵里有骨头？
是呀，那是我们体内最小的三块骨头，就在耳道的最深处。
这三块骨头以前在我们的下巴里？
演化可真奇怪呀。
不过，不是所有下孔类动物都踏上了演化成哺乳动物的道路。
比如，蜥齿龙就停留在更接近爬行动物的方向。
它好像蜥蜴呀！
嘿，等等，说到和哺乳动物有关联的家伙，我在这里没看见大型掠食者呀。
难道只有北方才有丽齿兽吗？
我们能回去再看看它们吗？
我懂了，你想再看看其他丽齿兽类。
是的。
我也想看，我们走吧！

丽齿兽类动物遍布全世界，只不过它们很少有狼蜥兽那么大的。
艾尔加奈角龙
它们比狼蜥兽可爱多了！
犬齿兽
雷塞兽
丽齿兽
犬龙兽
幼年丽齿兽
正南龟
我以为我们在中生代见过的那些鳄鱼的小个子亲戚已经很可爱了，看来我想错了。
这个才是最可爱的。

你说得没错。
雷塞兽是我见过的最可爱的动物之一。
哇，下孔类动物确实统治着整个二叠纪，对吧？它们占据了那么多生态位！
鲁比奇兽
原犬鳄龙
它们后来怎么样了？为什么我们没看到它们和恐龙生活在一起呢？
这个嘛，它们遭遇了二叠纪－三叠纪大灭绝。

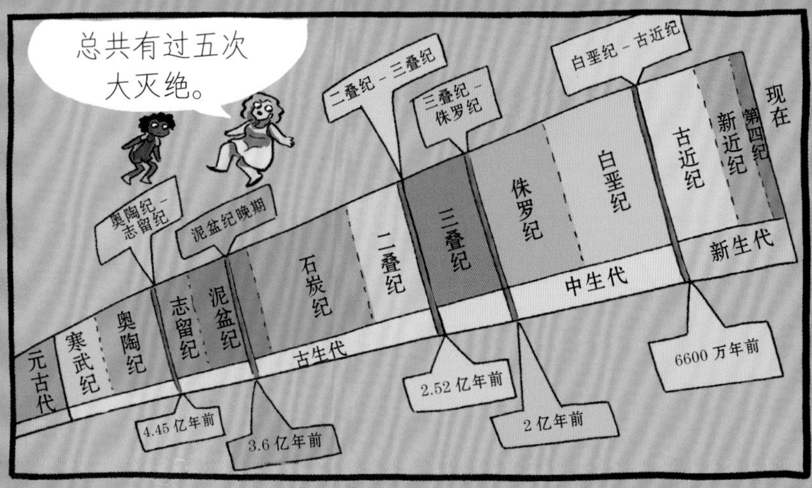

我们上次说过的消灭了所有恐龙的大灭绝叫作**白垩纪大灭绝**。这是依据它发生的地质时期来命名的。

科学家们对这次大灭绝的原因有过各种猜测。

不过，就像白垩纪大灭绝一样，这次大灭绝可能也是许多事情结合在一起造成的后果。
大规模的火山爆发可能是主要原因之一！

不论引发这次灭绝的究竟是什么，我们已经知道的是，当时全球气温升高了很多。

海洋的温度也随着上升，杀死了许多海洋生物。

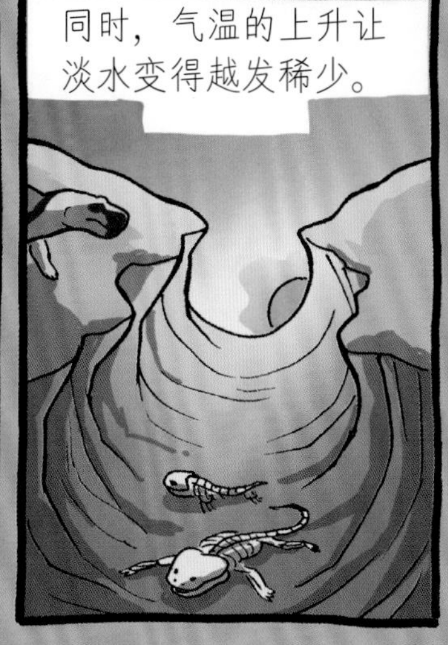
同时，气温的上升让淡水变得越发稀少。

这就杀死了那些生活在水中的动物，以及动物生存所必需的植物。
到哪儿去下蛋？
没错。

哦，不，爬行形类动物和两栖动物需要水来繁殖呀。

植物的消亡导致以这些植物为食的动物灭绝。

捕食那些动物的掠食者也因此走向灭亡。

在你反应过来之前……
大灭绝就已经发生了。

这次大灭绝的伤害力十分惊人：百分之七十的陆地物种都灭绝了。

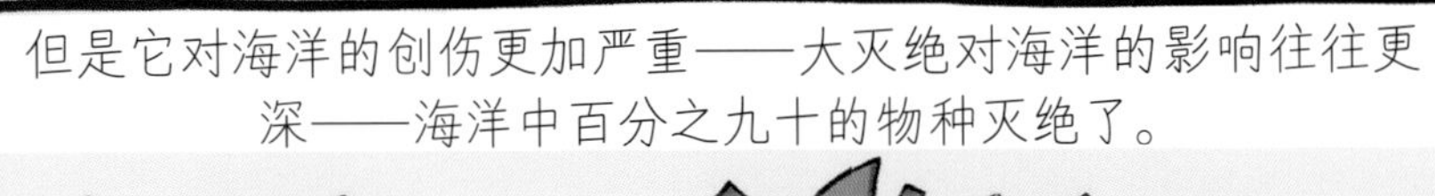
但是它对海洋的创伤更加严重——大灭绝对海洋的影响往往更深——海洋中百分之九十的物种灭绝了。

也就是说，每十种动物中有九种已经消失了。

这次大灭绝将无数动物和植物从地球上抹去了。
广翅鲎
角珊瑚
许多昆虫
棘鱼
一部分很酷的鲨鱼
大型植食性动物
丽齿兽
无孔亚纲
绝大多数大型两栖动物
三叶虫
包括三叶虫这类存续了2.89亿年的物种，它们诞生于古生代的黎明，一直存活到下孔类统治陆地的时代。

但是，大灭绝并不总是悲伤的，因为它也给了全新的生物演化的机会，让这些后来者填补灭绝的动物留下的生态位。

黑暗的尽头总有光芒，就这次大灭绝而言，那道光芒是很酷的恐龙。

好啦！

学习完生活在恐龙之前的大海里和陆地上的奇妙生物后，我们可以去公园里看看新秋千啦。

或许我们可以……

再多待一会儿。

好呀，没问题。

看看你能不能对水族馆的动物进行正确的分类吧！

海绵

没有对称的身体结构，通过身上的细孔过滤海水进食。图中有两个海绵。

刺胞动物

身体结构辐射对称，用触手捕食。图中有七个刺胞动物。

环节动物

分节的身体结构左右对称。图中有四个环节动物。

软体动物

身体左右对称，有些物种长着保护柔软身体的坚硬甲壳。图中有六个软体动物。

节肢动物

身体左右对称，长着外骨骼，肢体拥有许多关节。图中有五个节肢动物。

棘皮动物

身体结构辐射对称，拥有坚硬的内骨骼。图中有八个棘皮动物。

脊椎动物

身体结构左右对称，拥有内骨骼和脊椎。图中有五个脊椎动物。

答案

海绵

海绵

刺胞动物

水母、珊瑚和海葵

环节动物

刚毛虫、管虫和蚯蚓

软体动物

蛞蝓、蜗牛、鱿鱼、章鱼以及蛤蜊和牡蛎等双壳贝

节肢动物

螃蟹、虾、蜈蚣、蛛形亚纲和昆虫

棘皮动物

海星、沙钱、海参、海百合和海胆

脊椎动物

鱼类、两栖动物、爬行动物、鸟类和人类

词汇表

藻类：生活在水中的植物。其中并不包括先演化到陆地上生活，然后又返回水中的植物。

羊膜动物：会产下羊膜卵的动物。羊膜卵是拥有坚硬的皮革质外壳的卵。这种外壳可以让卵不至于脱水，因此可以产在远离水体的地方。这与两栖动物不同，两栖动物的卵必须产在水里。

无孔亚纲：颅骨上眼睛后方没有孔的四足动物。它们绝大多数在古生代末期灭绝了，没有后裔留存至今。乌龟拥有无孔的颅骨结构，但是，乌龟是由双孔亚纲动物演化而来的，因此，它们属于双孔亚纲。

环节动物：拥有柔软且分段的管状身体的动物。水蛭、蚯蚓、多毛类环虫和管虫都是环节动物。

节肢动物：拥有外骨骼和分节身体的动物。这个名字来源于它们有很多关节的腿。昆虫、蛛形亚纲、马陆、广翅鲎和甲壳动物都是典型的节肢动物。

不对称：没有对称的结构。不对称的东西的一半和另外一半不完全一样。海绵就是典型的不对称动物。

左右对称：左右两边完全对称的动物或物体。人类和蝴蝶都是左右对称的。

寒武纪：古生代的第一个纪，许多物种都是在这个时期第一次出现的。

石炭纪：古生代的第五个纪，因为这一时期形成的地层中包含大量石炭而得名。这是因为这个时代的植物非常繁荣，又没有很多昆虫或真菌来分解死去的植物，所以，倒下的植物就变成了许多石炭，让这个时期成了名副其实的石炭时代！

脊索动物：拥有脊索的动物。脊索是薄薄的保护层，用来保护脊背正中的神经索。鲨鱼、鱼类和人类都是典型的脊索动物。

刺胞动物：身体辐射对称，用触手来捕捉漂浮的养分或猎物的动物。水母、珊瑚和海葵都是典型的刺胞动物。

栉水母：长得和水母很像，但并不是水母的动物。它们能够发出美丽的闪光，却没有刺胞动物（比如水母）拥有的刺细胞。它们会用一排排小小的触手在水里移动，大多数栉水母都不会长出水母那样长的触手。

泥盆纪：古生代的第四个纪，也被称为“鱼类的时代”，因为许多迷人的鱼类（比如盾皮鱼）生活在这个时代。

双孔亚纲：颅骨上眼睛后方拥有两个孔的四足动物。这两个孔让它们的下颌肌肉有了更多地方附着，从而有了更强的咬合力。典型的双孔亚纲动物包括蜥蜴、非鸟恐龙类、鸟类和鳄鱼。

脊鳍：许多鱼类背上都有的鳍。鲨鱼和虎鲸都长着鲜艳的脊鳍。

棘皮动物：一种辐射对称的动物，它们柔软的身体包裹着坚硬的内骨骼，这一点和人类有点儿像。典型的棘皮动物包括海参、海胆、海星、海百合和沙钱。

化石：生物体在岩石中留下的任何形式的痕迹。

无脊椎动物：不是脊椎动物的动物，也就是没有脊椎骨的动物。棘皮动物、环节动物、节肢动物、刺胞动物、栉水母、海绵和软体动物都是无脊椎动物。

中生代：古生代之后的地质时期。这个词语的意思是“中间的生命”，因为它夹在拥有已知最古老生命的时代和拥有最新生命的时代之间。所有非鸟恐龙类都生活在中生代，也在中生代灭绝。

变态：生物的身体在生命的各个阶段发生剧烈改变的现象。一般来说，变态发育的每个阶段看起来都完全不同。比如，蝴蝶最开始是毛毛虫，毛毛虫把自己包裹在茧里，最后会破茧变成蝴蝶。

矿物质：能够形成坚硬晶体的化学物质。不同的矿物质聚在一起的话就会形成岩石。

软体动物：身体柔软的动物，它们拥有齿舌，而且往往有坚硬的壳。章鱼、蜗牛和蛤蜊都是典型的软体动物。

多细胞动物：身体由一个以上的细胞构成的生命体。

奥陶纪：古生代的第二个纪，在这个时期，软体动物统治着海洋，而陆地上刚刚开始出现植物。

生物体：任何拥有生命的东西。

古生代：中生代之前的地质时期。这个词语的意思是“古老的生命”，因为已知最古老的动物都出现于这个地质时期。

胸鳍：鱼类和其他水生动物身体两侧的鳍，它们演化成了四足动物的前肢。

二叠纪：古生代的第六个纪，也是最后一个纪。哺乳动物的近亲下孔类统治着这个时期的陆地。

二叠纪－三叠纪大灭绝：历史上最大的一次灭绝。它发生于二叠纪末期，就在中生代的第一个时期三叠纪之前。绝大多数大型下孔类动物和水生动物都灭绝了，这让全新的物种有了征服这片土地的机会，它们就是恐龙！

光合作用：植物将阳光、水和二氧化碳转化为食物的过程。

海绵动物：一种不对称的滤食性动物，通常被称为海绵。

掠食者：捕食其他动物的动物。

吻部：管子一样的嘴巴，一些动物会用它来吮吸食物。

辐射对称：如果某种东西可以围绕中心分成几个彼此完全相同的部分，就像可以把派切成许多大小相等、形状相同的小块一样，那么它就是辐射对称的。海星和水母都是典型的辐射对称的动物。

齿舌：软体动物口中长满了牙齿的“舌头”，它们使用这个器官舔食美味的东西。

种子：由起保护作用的外壳包裹着的植物宝宝。

志留纪：古生代的第三个纪，在这个时期出现了最早的维管植物，动物开始在陆地上生活。

孢子：部分植物和真菌用来繁殖的微小细胞。孢子飞散在风中，落地后就会长成亲代的克隆体。苔藓是典型的使用孢子来繁殖的植物。

下孔类：颅骨上眼睛后方有一个孔的四足动物。这个孔让下颌肌肉有更多的附着空间，从而拥有更强的咬合力。哺乳动物、丽齿兽和犬齿兽都属于下孔类。

单细胞动物：只有一个细胞构成的动物。

维管植物：拥有用来输送水和养分的特殊管道的陆生植物。这种管道可以让植物长得更大。典型的维管植物包括树木、石松和所有能开花的植物。

图书在版编目（CIP）数据

海洋霸主 / (美) 艾比 · 霍华德著绘 ; 夏高娃译
. — 北京 : 北京联合出版公司, 2022.3
（远古有座动物园）
ISBN 978-7-5596-5654-4

Ⅰ. ①海… Ⅱ. ①艾… ②夏… Ⅲ. ①海洋生物 – 动
物 – 少儿读物 Ⅳ. ①Q95-49

中国版本图书馆CIP数据核字(2021)第217186号

北京市版权局著作权合同登记 图字：01-2021-5965 号

远古有座动物园.海洋霸主

作　　者：（美）艾比 · 霍华德　　译　　者：夏高娃
出 品 人：赵红仕　　出版监制：辛海峰　陈 江
责任编辑：李　红　　特约编辑：王周林
产品经理：魏　傩　卿兰霜　　版权支持：张　婧
装帧设计：人马艺术设计 · 储平　　美术编辑：陈　杰

北京联合出版公司出版
（北京市西城区德外大街83号楼9层　100088）
北京联合天畅文化传播公司发行
天津丰富彩艺印刷有限公司印刷　新华书店经销
字数180千字　787毫米 × 1092毫米　1/16　24.75印张
2022年3月第1版　2022年3月第1次印刷
ISBN 978-7-5596-5654-4
定价：149.00元（全三册）